原発官僚

漂流する亡国行政

七尾和晃

草思社

はじめに

「まずいな……」

その日も、東京は朝から晴れわたり、中継映像に映る現地の空もまた、雲ひとつないようにみえた。

水素爆発によって原子炉建屋が吹き飛んだ映像をみつめる男のかたわらで、窓越しの陽だまりでは、二匹の猫が気持ちよさそうにじゃれていた。放射能の飛散と被曝に、日本の人々が怯えるその最中、そこは不思議なほど平和な空気が支配していた。

誰もが息をのんだ、福島第一原子力発電所の建屋爆発を、男もまたじっとみつめていたのだ。

福島第一原発が重大な局面を迎えると直感した直後、私はすぐに男の自宅を訪ねなければ、と思った。かつてエネルギー行政の前線にいたその男のことを思い出したのだ。

経済産業省の前身である通商産業省への入省以来、退官に至る四〇年近い役人人生のあいだ、男はエネルギー政策に直接に関わり、そして日本という土地と歴史のなかでの、原発の〝政治的な意味〟をみつめてきたのだ。

いや、むしろ男のかつての職責を考えれば、みつめてきたという距離感は当たってはいないだろう。原発を推進する政策の一翼を担ってきたのだから。

日本の原発は安全だ。とくに、震災時の安全管理技術については、世界のトップクラスだ――。

現役の官僚であったころから先頭に立ってそう言い続けてきたし、それは決して、原発設置を後押しする、通産省という役所に属する立場ゆえの〝方便〟としてだけではなく、原発というシステムをそばからみてきた者として、そう強く信じるに足るだけの根拠にもとづくものだった。

だからかもしれない。

男が「まずいな……」とつぶやいたそのわけは、映像を通じておそらくほとんどの日本国民が一様に抱えた大きな不安とは、まったく別のものだった。

「これで、日本の原発輸出は致命的なダメージを受ける……。この対応に失敗すると、受注を競っているアメリカにも、中国にも、持っていかれることになる」

二酸化炭素の排出抑制の世界的流れを追い風に、原子力発電を推進してきた日本はいま、その技術とノウハウを海外輸出する時期に入っている。

それも、沸騰水型軽水炉といわれる、原発技術のなかでも「安全性が高い」と日本が世界市場に訴えてきたものだった。

テレビ画面に映るその大気の揺らぎの向こうにある原発の無惨な姿に、みずからが携わってきたエネルギー政策の末路を、数多《あまた》の官僚たちが忸怩《じくじ》たる思いでみていた。

石炭から石油へ――。一九六〇年代、欧米のオイルメジャーの圧力によって全面的な産業政策の転換を余儀なくされ、必死でその変化に対応しながら、その直後に訪れたオイルショックによって、日本はエネルギー自活に本腰を入れはじめる。

オイルショックは石油頼みになっていた日本の産業界に、それこそ今回の建屋爆発にも等しい心理的ショックを及ぼしたのだ。石油がなければ日本は産業エネルギーどころか生活物資さえ確保できない……と。そして、原発建設ラッシュが始まる。

チャーマーズ・ジョンソンによって東洋の奇跡を支えたと讃えられ、世界にその名を轟《とどろ》かせた「MITI（通産省）」はその後、規制行政と表裏一体の所掌拡大に成功し、経済官庁のなかで群を抜いた政策実現力を発揮していく。それは同時に、田中角栄の日本列島改造論を足掛かりに日本が大きく変貌していく過程でもあった。

通産省は省エネ、代替エネルギー、新エネルギーの確保・開発に向けて動き出した。潮力、地熱、風力、太陽光、石炭液化と、日本の歴史・風土の特性を生かしたあらゆる代替エネルギーの研究が始まったが、そのなかでコストパフォーマンスと発電規模において唯一ともいえる成功例が原子力発電だった。

そして、東京電力、関西電力をはじめとする電力業界と組み、原発設置を推進すると同時に、地域振興という名のもとに〝列島開発〟を進めていった。

一九七〇年代後半以降、原発は、通産省（経産省）が地方という点を押さえ、日本という面にその勢力を拡げていくための〝城〟のような役割を果たしてきた。そして、それはそれぞれの地域にとっても、ゼネコン・サブコンの多層化された構造から生まれる利益と、補償費という名目で入ってくる巨額のカネも含め、〝甘い蜜〟をもたらすものであるのは間違いなかった。

だが、はたしてそれは本当に〝蜜〟でありえたのか――。

アメリカ中西部に小さな村がある。

ミズーリ州にあるその村は、ルイス&クラークによるアメリカ西部開拓史において歴史的な町となったセントルイスから、さらに車で四時間ほど走らなければ辿りつけない。ミシシッピー川を渡り、小さな道を奥へ奥へと、高速道路を離れて入っていかなければならないのだ。

その村の端には、深い森に溶け込むように、フェンスで囲われた場所がある。訪れる理由さえないその場所だが、その村の住人は決して、その森には近づかない。

そこには、ICBM（大陸間弾道ミサイル）の地下格納サイロがある。そこには核兵器が埋まっていたのだ。

軍の関係者から村人には密やかに、だがたしかに漏れ伝わっていた。

「……フェンスの内側の地面下には、厚いコンクリートで蓋をされた核ミサイルがいつでも発射できる状態で納められている」

そのフェンスには絶対に近寄ってはいけない。近くの道路からその森を眺めるだけだ。運がよければ森の奥がみえるかもしれないけれど、双眼鏡を使ったり、車のスピードを落とすことはできない――。

案内の村人はそう私に何度も念を押したうえで、ようやくそこに案内することを引き受けた。

あそこだと指差された瞬間、森の奥を凝視すると、一瞬、黄色くひらめくものが視界に入った。フェンスの角に黄色い目印の旗が立っているのだという。おそらくそのひとつがみえたのだろう。

住民たちのなかにはそれを「恐怖の旗（horrible flag）」と呼ぶ者もいた。

「私たちの村に核兵器が埋まって、ボタンひとつでそれが世界のどこかに飛んでいくということは、逆にこの村が相手からの攻撃にさらされる可能性があるということ。そんな恐怖があるのよ。それに、あの地下に何十年も埋まっている核兵器がもし万が一にでも事故を起こしたりしたら、私たちの生活は一瞬にして終わりだわ。何しろ何十年も核兵器を地下に埋めておくなんて、これまでやったことがないんだから、どんなに安全だと思い込もうとしても、無理よ。人間の技術に絶対なんていうものはないわ。あの森のなかに核のサイロがあるかぎり、私たちはずっとその恐怖から逃れられないのよ」

決して、核兵器の配備そのものに反対しているわけではないという、ごくごく平凡な毎日を送る農家の女主人は、私を泊めた晩、食卓でそう語った。

女主人の不安は、ミズーリ州から遠く離れた福島第一原発にもその根をつなぎ、ついにこの世に姿を現したのだった。

終着点のみえないまま発車した原子力利用は半世紀を超え、ついに歩みきたその道がいかに細く、危ういものだったのかを曝《さら》した。

そして忘れてならないのは、この舞台の先頭に立ってつねに舵をとり、原発を世界に輸出すべき〝国技〟へと昇華させようとしてきた経済産業省という存在である。

日本の政策決定プロセスの〝心理〟から政策構造の動態を捉えてみたいと考え、かつて私は、霞が関の本館から別館へ、別館から本館へ、上階から下階へ、さらには地下の食堂まで、早朝から深夜まで相手の迷惑をも顧みずに飛び続けた。そんな〝廊下トンビ〟時代の私の取材活動の記録として、ノート一四三冊を数える通産官僚・経産官僚との対話メモが残っていた。

彼らに共通するのは、その是非はともかくとして、すべての官僚が〝矜持〟に満ちていたということだ。その矜持によって裏打ちされた施策の積み重ねこそが日本の現在をもたらした。だが、はたしてそこに国家百年の計があったのか——。

後悔することのない矜持によってつくりあげられた「無謬性の神話」のうえに戦後日本のエネルギー行政と、そして原発政策もあるのかもしれない。

施策・政策の評価はひとつではありえないし、絶対のものがあろうはずもない。時間の経過のなかでは、当事者による見方でさえ、限りなく小さな視点にしかすぎないだろう。だが、それもまた、ひとつの軌跡であるのは間違いなかろう。

〔付記〕

本書内の官僚および官僚OBの証言は、本来その立場上、顕名にすべきと思われる場合もあったが、職責をまっとうしようとしている現役の官僚および静かな余生を送るOBの生活と名誉をいたずらに脅かすことは許されないと考え匿名にした。彼らの証言は匿名であるという〝信頼〟を前提としての〝本音〟でもあった。ご批判ご叱責はむろん、すべて私の責めに帰すものである。

原発官僚

漂流する亡国行政

目次

第1章　吹き飛んだ野望

第2章 夢のエネルギーの隘路

第3章 「環境覇権」という伏線

第4章 政策マフィア

第5章　キャスクという悪夢

美しく霞が関から去っていった通産・経産官僚に
浜田山の桜の思い出とともに――

第1章

吹き飛んだ野望

建屋とともに喪失した未来

「これで原発の輸出がダメになるな」

福島第一原発の建屋が水素爆発で吹き飛ぶと、米国のニュース専門チャンネルCNNは、日本報道を「震災特集」から「原発危機」へと一気に切り替え、太平洋をまたいだ〝隣国〟での危機的状況を報じはじめる。

瞬時、世界が、日本で起きたその惨劇を、わが身の恐怖として抱えはじめた。

全国の海岸線に沿って、いまや五〇基を超す原発を擁する日本は、すでに原発大国となって久しかった。

その日本がいま、世界へ輸出しようとしているのが、原子力発電とその技術である。

高度経済成長を経て、製造コストの高くなった日本では、当然のことながら、従来の輸出品目はコスト面から国際競争力を失っていた。

そのなかで通産省の役目も変わり、より付加価値の高い技術輸出・海外展開を推進すべく、その笛を吹いてゆくことになる。ノウハウとソフトを基盤とする輸出へと変革せざるをえなくなったのだ。

とくに輸出コストにおいて、決定的に競争力を失っていった二〇〇〇年代以降の日本にとっては、それはむしろ、生き残るための唯一の道程ともなっていったのだ。それはむしろん、日本だけでなく、コスト競争力において後進開発国からつねに脅かされる、先進国に共通する悩みでもあった。

そのとき、日本が海外に展開することのできる旗艦技術となったのが、鉄道であり、そして原発だった。いずれもその〝製品〟としての機能だけではなく、安全制御における実績を備えた信頼性の高いシステムとしての〝付加価値〟が、強く主張されることとなったのである。

経済産業省OBの目には、日本が世界に売り込んできた、原発の管理技術にたいする信用にひびが入るさまがみえていたのだ。

「素人は建屋が吹き飛んだことに驚くだろうが、それはじつは大したことはないんだ。建屋上部の設計構造は、とにかく最終的に原子炉を守るために、いざとなったら簡単に吹き飛ぶ……と言ってはなんだけど、圧力を逃がすために壊れやすいように設計されているんだ」

男の話を裏付けるように、経済産業省に属する原子力安全・保安院、そして東京電力は、原子炉そのものに損傷がないことを繰り返していた……。

冷戦構造のなかで産声をあげた日本の原子力

報道で驚かされた人々が多かったように、重大な事態に陥った福島第一原発は、意外にも四〇年という歴史を持っていた。

しかし、日本の原子力開発の歴史はさらに古い。その実質的な歴史は、驚くべきことにいまだ敗戦の余韻が残る一九五四年にまでさかのぼる。

時の総理は、吉田茂であった。その吉田がバカヤロー解散を強行したその直後に組織した第五次内閣のときに、戦後日本は原子力開発の予算として二億三五〇〇万円を計上したのだった。

当時は、そば一杯が二〇円の時代である。一般会計予算でもっとも多くを占めていた公共事業費の総額が一八〇〇億円だったことを考えれば、二億三五〇〇万円は大した額にはみえないかもしれないが、予算付けという足掛かりを得たという事実こそが、一度予算化された施策は決して退行しないという行政施策の哲学上、決定的な意味を持ってくる。

その予算成立を見計らったかのように、米国は翌年にはさっそく、日本にたいする濃縮ウランの供与を表明する。さらにその翌年、一九五六年には、原子力基本法、原子力委員会設置法、原子力局設置に関する法律の、いわゆる原子力三法が施行されている。

これにともなって総理府に原子力局が置かれ、日本の原子力発電所の設置計画が始動することになる。

もちろん、広島と長崎での被爆体験を持つ日本では、原子力開発にたいする抵抗は強かったが、政府はこの原子力三法の成立を待って、一気に原子力〝実用化〟の歩みを加速させることになる。原子力三法が設置された一九五六年はまさに、日本の原子力開発の夜明けとも呼ぶべき年となる。

その年、五月には科学技術庁が発足し、六月には原子力の実用化を後押しする官の肝いりで日本原子力研究所が発足する。そして八月には原子燃料公社が発足し、九月には「原子力開発利用長期基本計画」が発表され、一〇月には国際原子力機関（ＩＡＥＡ）憲章に調印・参加することになった。

日本政府が、原子力アレルギーの強い国民の世論を押し切るかたちで、雪崩《なだれ》を打つようにして原子力の実用化へと突き進んでいった背景には、米国の圧力があったとされる。

「日本のエネルギー政策というのは、石炭から石油へのエネルギー革命のときもそうでしたが、つねに米国の圧力が背景にあります。日本は官民の癒着の構造をずっと問題にされてきたけれども、米国からの圧力はもっとひどいですよ。戦後から今日まで、米国側の要請に応じるかたちでしか、日本はエネルギー政策を展開できなかったわけだから。

米国の対日政策というのは緻密でね、よくできとるんです。安全保障政策がすべての前提でね、対外的な経済政策はその上に乗っとるだけなんです。原子力というのも、研究を進めていくと核兵器の問題に行きつくわけだから。冷戦のときには、同盟国に核を管理させたかったわけでしょうな。原発というのはその点、都合がよかった。日本のように、産業利用にとどめておけば軍事上のバランスも保てるし、それに、同盟国をコントロールしやすくなるわけだから」（経産省元局長）

たしかに、アイゼンハワー米大統領が国連で原子力の平和利用を訴えた一九五三年は冷戦の初期であり、米国の安全保障戦略にそぐわないかたちでの原子力開発はありえないものだった。

アイゼンハワー米大統領が原子力の平和利用を訴えた国連総会でのスピーチでは、繰り返しソビエトの核開発に言及している。イギリスやカナダなど同盟国によって保持されてきた原子力というおそるべきエネルギーの「秘密をソビエトにも握られてしまった。この数カ国によって守られてきた知識は、遅かれ早かれ他の国々にも共有されてしまうだろう」と。

ソビエトは一九四九年に原爆の地下実験に成功していた。

核技術の管理と原子力開発がセットであることは、アイゼンハワーと米国にとっては自明のものだった。

後に、このアイゼンハワー大統領による国連でのスピーチは、国際政治研究者のあいだで、その意味づけが論争の的となった。

《その内容は、国連の後援を受けて国際原子力機関（IAEA）を設立し、そこに主な核開発国政府が天然ウラン及び核分裂物質を出し合い、人類全体の利益のために平和目的で利用しよう、というものである。ところが、この「核分裂物質の国際的なプール」構想にはアメリカの周到な策略が込められていた。

核分裂物質の平和利用を目的とし、アメリカとソ連がそれぞれ均等の核分裂物質Xキログラムを国連に委譲するとする。また、Xキログラム量の核分裂物質は、アメリカの備蓄量に鑑みて十分対応できる一方、ソ連にはその量を満たし難い数値に設定するとしよう。新しい核分裂物質の生産がないことを前提にして米ソ両国の核分裂物質が均等に減少していくと、すでにソ連より多くの核分裂物質を保有しているアメリカは、常にソ連よりも優位に立てる。》

（李炫雄「冷戦戦略としての『平和のための原子力』」『筑波法政』第46号）

日本が米国占領下から独立したのは、アイゼンハワーの演説からわずか二年前、一九五一年のことである。日米同盟の傘による〝庇護〟は、自由意思による選択というよりもむしろ、〝強制〟であったはずだ。

戦後、米国の庇護のもとにあったエネルギー供給体制から自立しようとしたのは、後にも先にも田中角栄だけであった。その田中が、米国の虎の尾を踏んだといわれるのが、まさにその「エネルギー政策」においてである。

戦後日本は復興のための産業エネルギーを求め、同時に安定したエネルギー供給ルートの確立を渇望していた。原子力がそこにおいて、どうしても目をそらすことのできない魅力的な存在として映るのは自然な流れでもあった。

そこに、米国からの圧力が高まってくる。この外圧をタテに、あるいは悪しざまに言う者の言葉を借りれば、外圧を「隠れ蓑にして」、通産省は原発導入の機運を高めるべく、画策をはじめたのだ。

こうした認識を裏付けるように、福島第一原発をはじめ原発導入初期に稼働をはじめた原発の多くは、ゼネラル・エレクトリック社やウェスティングハウス・エレクトリック社といった米国系企業の技術をほぼ一〇〇パーセント導入することで成り立っていた。

米国で原子力発電所が運転されはじめたのは一九五七年である。茨城県東海村で日本初の原子炉が稼働したのが一九六六年だから、日本は米国が原発技術を実用化してからわずか九年で実用化にこぎつけたことになる。

つまるところ、日本のエネルギー供給は「戦前と同じように、アングロサクソンの連合国にやられるがまま」（経産省元局長）という自嘲気味の評価さえあった。

日本においても、一九八〇年代に入ってくると、原発運用ノウハウの蓄積も進み、関連技術も追いつくようになる。原子力関連の国産技術が採用されるようになり、原発の国産化が可能になるのはこのころからである。

輸出商品としての原発

日本でもっとも初期に完成した実用化原子炉は茨城県東海村の東海発電所にある、GCRと呼ばれるガス冷却炉である。このときに採用された技術の底流にあるのは、米国シカゴで採用された原子炉の技術であるが、この原子炉が稼働を開始したのは一九六六年、原子力三法の成立からおよそ一〇年余りで実用化にこぎつけたことになる。

米国の技術を全面的に導入したうえでの原発開発だったとしても、異例のスピードだったことはたしかだ。

「知られているように、日本では終戦前から理研を中心として原子力の研究が進められていただろう。仁科芳雄をはじめとする原爆開発の下地もあったから。そういうものが、まあ、戦後、平和利用というかたちで甦ったわけだ。研究者のあいだの理論ベースとしては、

まったくのゼロからのスタートというわけではなかったんだな」（経産省ＯＢ）

この日本初の原子炉での出力は一六万六〇〇〇キロワットで、現在までに現存する原子炉のなかではもっとも小さな出力となっている。東日本大震災で懸念の的となっている福島第一原発の一号機から六号機までを合わせた全出力、四六九万六〇〇〇キロワットのおよそ三〇分の一の規模であった。

この東海村の原子炉が運転を開始した直後に着工されたのが、福島第一原発である。運用ノウハウと技術の蓄積といった実験的意味あいの強かった東海村の原子炉にたいして、この福島第一はその出力規模において、まさに日本の原子力発電の実用炉としてはパイオニアともいうべき位置づけだった。

その後、一九六〇年代後半から相次いで着工されたのは、東京・大阪という東西の大都市圏の電力需要をまかなうための原発群だった。

この時期に建設されたのは、東京電力による福島第一原発、日本原子力発電による敦賀、そして関西電力による美浜、大飯、高浜といった日本海側、とくに福井を中心とする原発群である。

それらはいずれも海辺沿いの立地となったが、その理由は当時から明白だった。

「事故発生時に、とにかく冷却水の枯渇しない場所としては海岸沿いしかなかった。同時に、放射能流出・漏洩から首都圏の都市機能を守ることが必要だったから」（経産省官僚）である。

しかし、その冷却水確保という立地上の最大名目が、福島第一原発での事故に際して機能したかといえば、それは怪しかった。

冷却機能を維持するための非常用電源さえ失い、原子炉内の冷却水の低下と燃料棒の水面露出が把握されてなお、東京電力が海水の注入をためらっていたのは記憶に新しい。塩分を含んだ海水を注入すると、その後、運転再開時の処理工程で多大なコストが生じる。当初、それを懸念して、海水注入のタイミングが遅れたのではないかとの指摘も信憑性が高い。

福島第一原発が冷却不能という危機的状況に陥っていたその瞬間、東京電力のトップには、奇しくも、東電の社内でもっとも優秀な〝コストカッター〟と呼ばれた清水正孝がいた。東大工学部を筆頭とする帝大技術屋の牙城であった東電で、慶応大学経済学部卒の清水が社長にまで上りつめることができた、その評価の最大の部分は、費用節減の手腕にあったとされる。

その研ぎ澄まされた〝コストマインド〟が、まさかの原発事故が発生した東日本大震災において、海水注入のタイミングの遅れと、それによる相次ぐ水素爆発・建屋喪失という事態を招いたとすれば、その意思決定は非難を免れないであろう。

清水の前任社長の勝俣恒久（現・会長）は、若いころから「カミソリ」と呼ばれ、そのカミソリ勝俣は東電の天皇とさえ呼ばれ社内で恐れられてきた。

その勝俣の眼鏡にかなって社長の座に収まったのが清水であったことを思えば、清水が体調を崩して戦線を離れてようやく登場した勝俣こそが、東電の実質的なトップであることは想像にかたくない。

「東京電力はコネ入社ばかりでろくな人材がいない」

東電の対応に業を煮やした経産省の官僚は、こう露骨な罵声を浴びせてみせる。だが、原発の推進は、東電をはじめとする電力会社各社が独自に行なってきたものではない。それはまさに、日本のエネルギー政策に添った選択であったのだ。

国の原子力委員会がいまから一〇年前、二〇〇〇年一一月に取りまとめた「原子力の研究、開発及び利用に関する長期計画」には、成熟した日本の原子力産業の行く末と将来展開をにらんだ、こんな言葉が明記されていた。

その文面からは、ついに原発が「原子力の平和利用」という美名を乗り越え、世界市場における日本の戦略的な〝商品〟となったことが明確にうかがえる。

《我が国では、新規発電所建設の停滞に伴い電気事業者の設備投資が急激に減少していることなどにより、原子力供給産業の原子力関係売上高は近年減少傾向となっている。

一方、海外からの国内電気事業者への納入実績は経済のグローバル化に伴う国際調達の活発化等により増加している。

我が国の原子力供給産業は、このような市場構造の変化への対応、経営の効率化を一層進めるとともに総合的な戦略の立案が迫られている。

我が国の原子力供給産業においては、国内活動のみならず、国際入札や製造拠点の国際化、さらには国境を越えた企業経営等も視野に入れた国際展開、事業の再構築、業界の再編成等を見据えて、企業の技術力や経営資源を十分に活用しつつ経営体質の強化を図り、経営の効率化や国際的なコスト競争力と技術力を維持していくことが期待される。》

そしてそこには、かつての輸入技術から輸出技術へと成長をとげた日本の原子力産業の自負がうかがえる。

《近年のアジアを中心とする国際社会における原子力の環境変化を踏まえ、我が国の原子力供給産業が、アジア諸国からの引き合いに応じて、機器供給を中心とした国際展開を積極的に図ることが期待される。

将来、我が国の高い安全性を持つ軽水炉技術を輸出するに当たっては、当該技術が厳に平和利用に限定されることを担保しつつ、世界のエネルギーの安定供給や環境問題の解決に寄与する視点に立って、単に軽水炉プラント機器の供給だけではなく、我が国で培われた安全思想とセットで国際展開することで、国際社会への責任ある貢献を果たすよう配慮することが重要である。

また、将来の実用化を目指すような技術の研究開発に当たっては、広く国際社会においても利用されるような普遍性をもった技術の開発や将来の国際標準化を目指し、我が国で生まれた基本的な技術概念を世界に提案していくような取組も重要である。

国は、こうした民間活動の国際展開の進展に合わせ、二国間協力協定等による資機材移転のための枠組み作り、相手国における法整備の支援、技術協力等の環境整備を行っていくことが必要である。》(段落筆者)

原発技術を「輸出商品」として明確に位置づけ、そのなかでも、日本に技術的な優位性がある軽水炉技術の輸出をもくろんで、経産省は国際的なロビー活動を展開していたのだ。

そして、日本の原発技術のなかでも旗艦商品であった軽水炉は、まさに福島第一原発が採用していたものだった。

二〇一一年三月一一日、二一世紀の日本の輸出産業の基軸と位置づけられた目玉商品への信頼性は、その根本から大きく揺らいだのであった。いくら「想定外の事態」という言葉を加えようとも、「原子炉は停止し、制御技術そのものは確実に機能した」と主張しようとも、安全神話が崩れた現実に変わりはない。

経済産業省の「野望」の軌跡

「われわれは外交をしているんだ。そして、つねに二つの外交カードを切っている。ひとつは国内向けのカードで、もうひとつは海外向けのカード。外務省と違って、われわれは目にみえる結果を引っ張ってこなければいけない。それが通商外交なんだ」

経産省の官僚がこう語る、その言葉には、外交の本丸である外務省にたいする強烈なライバル意識がのぞいている。たしかに、霞が関の官庁のなかでも国際派官庁を自任する経産省の、外交分野での実績は大きい。

その経産官僚の言葉はまるで、かつて通産省の国際畑のエースとして霞が関にその名を轟かせた天谷直弘の言葉を彷彿《ほうふつ》とさせるものだった。

《彼は「通産省は、ゲーテではないが〝二つの魂〟をもったユニークな官庁だ」といった。

「魂のひとつはナショナリズム、もうひとつはインターナショナリズム。ほかの官庁は、たとえば外務・防衛はインターナショナリズムだけ、農林・建設はナショナリズムだけでしょう。通産は二つ並存させていて、しかもインターナショナリズムの波がつよくなった場合、ナショナリズムが〝オレの核はなんだっけ〟と自己同一化《アイデンティファイ》を求める」》

（草柳大蔵「通産省・試されるスター官庁」『文藝春秋』一九七四年八月号）

その天谷は、資源エネルギー庁長官に上りつめた。

経産省の国際的なプレゼンスの起源は商工省から通商産業省へと生まれ変わった、戦後の一九四九年にまでさかのぼるが、その当時から外務省との軋轢《あつれき》はすさまじかった。

そこにはこんな背景があったからだ。

《通産、外務両省の対立の歴史は終戦直後にさかのぼる。一九四五年一二月に商工省（現通産省）の外局として貿易庁が発足してからだ。

貿易庁とは、現在の通商政策局と貿易局の前身で、文字通り貿易に関する政策を担当する部局だ。輸出代金や米国からの援助資金を貿易資金特別会計に集中し、それを重要物資の輸入のために割り当てるなど、強い権限をもっていた。ところが、この貿易庁は商工省の外局でありながら、商工省の権限はあまり及んでいなかったのである。

貿易庁長官には商工省と関係のない経済人らが就任。職員も外務省からの出向者が多く、しかも彼らはほとんどが英語を話せた。これに対し、現在の通産省のように国際化が進んでいなかった当時の商工省側の職員は、英語を話せる人は少なかったのだ。当時の貿易庁の業務は、連合軍総司令部（ＧＨＱ）との接触なしには進められなかったから、英語力は必要不可欠だった。当然ながら、外務省からの出向者が力をもっていたのである。》

（川北隆雄『通産省』）

通産省側からすれば、産業を知らない、わからない〝外国語使い〟なだけの外務官僚に何がわかるか、となる。

しかし、とにかく語学力がなければ海外との交渉もできないのはたしかだ。通産省は、入省一〇年以内の若手キャリアを早い段階で海外の大学や専門機関に送り、語学だけでなく、法律や経済分野におけるエキスパートとしての知識を英語で身につけさせてきた。

その官費留学の行き先は、のちにハーバード大など東部の名門大学がほとんどになったが、高度経済成長期にはリチャード・ニクソン大統領が経営していたニクソン法律事務所などにも積極的に人材を派遣し、法運用の〝現場〟を踏ませることもあった。

そうした省内の人材を活用し、通産省は独占禁止法をはじめとするいくつもの産業関連法の運用現場へ陰に陽にコミットしてきたのだ。

米国との貿易摩擦交渉を経験した通産省は、一九七〇年代以降、その採用に際して語学力に優れた者に白羽の矢を立ててきた。通産省でも省内においてもっとも力を持っているのは東大閥であるが、この東大卒の採用にあたっても、外交官試験をパスするレベルの語学力を密かに求めてきた。

「通産官僚が外務官僚を超えてこそ、日本は国際社会で生き残っていくことができる。ワインに溺れた外務省の貴族外交では、泥臭い経済戦争は乗り越えられないんだ」（通産省OB）という隠された、しかし強い使命感が、通産・経産省の官僚たちには脈々と受け継がれているのだ。

自由貿易体制の拡大とともに、貿易紛争は二国間の問題から、多国間で交渉すべき課題へと変わっていった。いち早くそれを認識したのはほかならぬ米国で、「一九七四年通商法」によって特別通商代表部（STR）を強化し、通商政策の一元化を図っていく。国際貿易の時代はまさに新しい「経済戦争」の様相を呈しはじめていたのだ。

通産省は、そこに強い組織的危機感をもって臨む。

その努力の結果であろうか。一九八〇年代初頭までに通産省は、日本政治が専門の米国の政治学者からも、こう評されるまでになった。

《日本の政府、行政においては、通産省は非常に国際化されているのではないかと感じています。アメリカの大学教授として私（筆者注・ジョンソン）のところに大蔵、通産、そして外務省からの訪問客が多いのですが、これからは、国際状況の理解に乏しい、つねに国内に目を向けている省庁――郵政、建設、運輸または農水省――の方々も来てくださるといいのですが。》

（チャーマーズ・ジョンソン『通産省と日本の奇跡』）

国際政治の環境変化によって、日本の省庁もより複眼的視点を持った交渉能力が要求されるようになっていった。通産省には、語学ひとつとっても、英語、ドイツ語、フランス語に加え、アラビア語まで使いこなす、外務官僚以上の語学力を持つ官僚さえ少なくなかった。

ただ、通産省の場合は外務省とは異なり、海外の国に長期にわたって滞在するわけではなく、まったく現地に赴かずして、語学を覚える必要に迫られることのほうが多い。そんなとき、彼らの語学力獲得にたいする努力はすさまじいものがある。

自宅のテレビの脇には、各言語のＮＨＫのテレビ会話・ラジオ会話のテキストが山積みされ、そしてトイレの壁にも、何カ国語もの単語の表が手書き、コピーを問わずに貼りつけられているのを目撃したことがある。覚え終われば、さらにその上に新たな紙を貼りつけていくのだ。さらに、テレビ台の上に置かれた短波ラジオで、各国の短波放送を受信して、生の語感に対応できるように訓練してもいた。

官舎に帰宅するのがたとえ朝の四時をまわっていようとも、六時には必ず起きて机に向かう。大学入試や国家公務員試験での「四当五落」をしのぐ求道生活がそこにはある。

経産省の「二つの外交カード」という言葉には、国内の産業政策の調整にとどまらず、貿易協定といった政治問題を含む対外的な交渉をも自省が担っていることへの、そして、一官僚としてそのために万全の努力を続けていることへの、強烈な自負が込められているのだ。

経産省は世界各国の主要大使館に事務官を出向させ、その国の外交政策から、ときには日本企業の現地受注に至るまでを積極的に支援してみせる（本来、それは同省の外郭団体である日本貿易振興会＝ＪＥＴＲＯの役目であり、ＪＥＴＲＯは各国での日本企業の生々しい権益保護を、経産省本体から独立して実行するための、ときに汚れ役をも担う〝実動部隊〟として設置された）。

経産省の外務省への出向組が、あくまでも経産省の隠れ外交官であることは、しばしば露骨に表に出る。そこで、そうした経産省の腹のうちを十分に知悉したうえでのさまざまなリークが外務省の側からなされることもある。

省庁同士の激しいつばぜり合いは、未だ終わらざる、なのだ。

ベトナム電力ODA汚職の真相

二〇〇九年、経産省を揺るがす事件が起きた。日本のODAによるベトナムでの発電所受注をめぐる汚職事件である。

このベトナムでの事件は、日本国内では決して表沙汰にはならなかった。経産省、そして日本の大手商社、有力プラント企業をも巻き込んだ騒動だが、すんでのところで事件化しなかったものである。

現在、日本には、外国公務員にたいしてであっても賄賂を渡した場合には罪に問うことができる法律が整備されているので、検察当局が本気になれば事件化できる可能性はあったのだが、東京地検はこの話を〝舐める程度〟に内偵はしたものの、本格的な着手にまでは至らなかった。

ベトナム電力公社が建設予定の発電所の受注をめぐり、間に入った財閥系商社、そしてその系列のプラント企業が、ベトナム電力の幹部に受注額の二パーセントを〝事業協力費〟名目で還元する約束をしていたのだ。

このキックバックを約束する英文の誓約書が当事者間以外に流出した。

これは、ベトナム電力という組織に還元されるものではなく、この公社の幹部の懐に莫大なカネが入ることを約束した、れっきとした賄賂である。ベトナムであっても発電所の建設規模となれば数百億円単位にのぼる。このうちの数パーセントであれば、億の額に達する。

経済成長著しいベトナムでは、同時に急伸する電力需要をまかなうために、原発を含め発電所の建設計画が目白押しだ。国際プラント入札の草刈り場ともなっているベトナムでは、受注のための競争が激化し、賄賂の相場も高騰している現実がある。

この財閥系商社の幹部は、経産省のある局長に働きかけた。そこから、ベトナムにある在外公館に出向している経産省の人間に連絡がいく。

現地にいた経産省の若手官僚は、ベトナム電力公社とこの商社との仲介に入り、ここでやはり入札を狙っていた日本の別の財閥系商社の情報網に、この動きが把握されることとなったのだ。

国際入札の現場では、決して「日の丸連合」というわけにはいかない。経産省が日本の本省からも指令を出して受注工作を行なっていることを知った、もうひとつの財閥系商社の人間は、ベトナム在外公館の、外務省本省ルートにその情報を伝えた。

つねづね在外公館という外務省の出先機関に巣くう経産省の出向アシェットの存在を快く思っていなかった外務省は、経産省の足元を掬《すく》うべく日本国内でのリークに及んだのであった。

海外での活動に関しては、外務省が本気になれば経産省の勝ち目は乏しい。潤沢な外交機密費を駆使して現地で人間関係を構築している外務省は、経産省だけでなく、同省のサポートを受けていた商社の電子メールから電話のやりとりまでを、ベトナム政府の関係者を通じて押さえたのだった。ベトナムはあくまでも社会主義国である。政府が本気で動けば、個人のプライバシーなどはないに等しい。

経産省と外務省の決定的な違いは、外交機密費という〝武器〟を持っているかどうかというところにも、じつはある。外交にカネがかかるのは現実なのだ。裏を返せば、カネがなければ外交は成立しないともいえる。

さらに問題なのは、日本企業が受注しようとしていたのが、日本の円借款で行なわれる政府開発援助、いわゆるODA予算絡みの事業であったことだ。

このODAこそは、外務省が主幹事として所掌する予算枠であり、外務省にしてみれば、いわば自分たちの職権の範疇だという認識が強い。その本丸で、経産省と商社、プラント企業が徒党を組んで、ベトナム電力公社の幹部を籠絡しようとしているのだ。

外務省にしてみれば〝自分たちのカネ〟で金儲けをし、そのうえ、そのカネを賄賂としても使おうというのか、ということになる。むろん、面白くない。

だがその後、外務省の情報収集によって、事態が意外な根深さを持つことも明らかになってきた。

この入札に関わっていた大手プラント企業は、すでにこれまでもベトナム国内での発電所の受注実績があったのだが、その際に交渉相手となっていたベトナム電力公社の幹部のひとりは、事前に約束した賄賂が満額払われていないとして、この企業にたいして不信感を抱いていたのだ。

そこで、このベトナム電力の幹部は、新しい発注事業では入札条件のひとつである入札規格を変更し、この日本のプラント企業が実質的に入札できないように動いたのだ。

この動きを受けてそのプラント企業と、そして入札で間に入っている財閥系総合商社が経産省に駆け込んだのが、この事件の発端だった。経産省の現役局長からベトナムの在外公館に指示が出され、現地の経産省職員がベトナム電力に働きかけて、改めてこの入札規格を変更するように働きかけたのだった。

このころ、元通産官僚の代議士が「日本のＯＤＡ事業は日本企業が受注すべきだ」と言った、という話も伝わってもいた。

そして、これが奏功するかたちで入札規格は変更され、このプラント企業が入札できるようになった。それと同時に、ベトナム電力の最高幹部は、このプラント企業にたいして、あろうことか、賄賂の支払いについて一筆とったのだった。

　捜査当局が把握したかぎりでは、さらに事態は複雑に入り組んでいることがわかった。当初、ベトナム電力が決定した入札規格そのものにも、日本の総合商社が関与していたことがわかったのだ。

　国際入札においては、入札の段階でほぼ勝ちが決まっているか、または予想がまったくつかないかのどちらかであり、入札で確実に勝利するためには、入札規格そのものから手をつけ、自社の単独受注が可能なように、入札時の規格を自社が得意な技術スペックに沿うものにすることが重要だとされる。

　外務省ルートに〝タレこんだ〟日本の商社こそは、ひと足早くベトナム電力公社に手を打って、入札規格の決定にも関与していた会社なのだ。それが経産省ルートでひっくり返されたことで、外務省ルートを使って巻き返しをはかり、その過程で、この発電所建設をめぐる生々しい経緯が明らかになった。

　この事態が発覚すると、霞が関の外務省、経産省とのあいだでは、水面下で事態収拾に向けた〝調整〟が行なわれ、結局、経産省の局長が異動することで決着する。外務省、経産省どちらにとっても、司直の介入を招けば、どこまで傷つくかは予測できず、あくまでも二者間で穏便な決着を図る必要があったのだ。

外務省にとっても妥協すべき理由はあった。この件が発覚すれば、一日本企業が受注に失敗したというだけでなく、日本という国のプレゼンスそのものに関わってくる。こうした賄賂提供のプロセスが明るみに出れば、ベトナムに限らず、他の地域での大型案件でも、日本企業は〝危うい〟ということになってしまいかねないのだ。

さらに、いまや、原発を含めて日本の電力関連プラントは日本の〝戦略輸出品〟である。そこに司直の介入を招けば、ことは一企業の問題にとどまらなくなってくる。

経産省と外務省が密かにベトナム電力公社の問題を〝軟着陸〟させてからおよそ一年後の二〇一〇年一一月一日、ハノイから送られてきた記事が『朝日新聞』の紙面に載った。

《菅直人首相は31日午前（日本時間同）、ハノイ市内でベトナムのグエン・タン・ズン首相と約1時間40分会談した。両首脳はベトナムにあるレアアース（希土類）を共同開発することで合意。ベトナムが国内で進めている原子力発電所2基の建設を日本側が受注することも決まった。政治・外交に加え防衛・安全保障面を含む日越戦略的パートナーシップ対話を12月に始めることでも一致した。

レアアースの共同開発で合意したベトナム北部ライチャウ省の「ドンパオ鉱床」は、すでに日越の企業間で計画が進められているが、これまでベトナム政府の採掘権許可が下りていなかった。（中略）

ベトナムからの受注が決まった原発は、同国南東部ニントアン省で計画が具体化している100万キロワット級の原子炉4基のうち第2期分の2基。第2期分の総事業費は日本円で1兆円規模。第1期分の2基はロシアが受注し、ロシアのほかフランスなどと受注を争っていた。

日本にとって官民共同による初の原発輸出は今後、日本のインフラ整備外交に弾みをつける可能性がある。経済成長が続くアジアでは電力不足が深刻で、今後15年間の原発建設の市場規模は試算では100兆円に上る。》

日本の予算で海外での権益を守るためには、省益の垣根を越えざるをえない。それは、日本政府として一丸となって取り組むべき国家的課題となっている。その最先端商品が原発だった。

対中エネルギー外交の挫折

「もちろん、日本としてはやらざるをえなかったのはたしかだが、結果としては裏目に出たということは言えるかもしれない。失敗だったかと訊かれれば、それはそんなことはないんだが……こういう状況をみれば、それは失策だったと言われてもしかたがない面はあるかもしれないな」

通産省OBである国会議員のその背中越しには、いかにも頑強な造りの新しい議員会館の骨格がのぞいていた。老朽化した議員会館の低い天井と小さな窓は、そんなため息混じりのつぶやきに、閉塞感を感じさせるのに十分だった。

そのとき、男が嘆いたのも無理はなかった。

中国がタイと原発技術の協力関係を結ぶという情報が届いたばかりだった。

一九七〇年代以降の日本は、円借款で膨大なカネを中国に注ぎ込んできた。そのカネが、橋や道路といった社会インフラの基礎となる部分の整備に役立ったのはたしかだが、通産省が協力してきたのは、火力発電や水力発電といったエネルギー基盤の整備のための円借款だった。

火力であればタービンの建設に始まり、そこにはむろん、日本企業の参入と技術協力があった。また水力であれば巨大なダムの建設を後押ししてきた。日本の電力供給態勢で主流であった「水主・火従」が、ダム建設コストの負担が増大して「火主・水従」へと変わりつつあるころ、従来の「水主・火従」が、場所を変えて中国で、日本の援助で推進されていった。

一九八九年の天安門事件のころまで、中国は都市部でさえなお一日数時間の停電が起こることがあるほど、電力事情は悪かった。

そんな〝電力後進国〟である中国にたいして、通産省と日本は、あたかも自国のインフラを整備するがごとく、多大なカネと人材を投入してきたのだった。

一九八〇年代後半以降、日本の政府開発援助（ＯＤＡ）の額は急伸し、一九八九年についにアメリカを抜き、一時的に世界一位の額を記録したが、その供与先はインドネシアと並び、中国が突出していた。

その中国が、いつのまにか純中国産の原発技術を海外に輸出するまでになりつつあるのだ。

日本の円借款で基礎インフラを整備する一方で、中国は着実に自国内の原子力技術の開発を進めていたのだろう。日本には規模が大きくカネのかかるインフラ部分に援助させ、その一方、原発や軍事といった戦略的な技術については国産技術を磨く。

いかにもしたたかな、中国外交の胆力をうかがわせるそんなシナリオが、ここへきて実を結んだのだった。

むろん、かつて米国からの技術輸入で始まった日本の原発技術も、二〇年と経たずして国産技術化にメドがついたのだから、後発国がいずれかの段階で先発国に追いつき、そして競合相手となっていくこと自体は、決して非難されるべきものでもない。

日本の円借款、あるいはＯＤＡは、つねづね日本企業の利と結びついた、「紐付き援助」

であると批判されてきたが、その〝紐〟は決して長期的展望に立って相手国の外交をも絡めとるような、いわば戦略的ループを形成することはなく、「あそこが終われば次はあそこ、ここが終われば次はあそこという、一回限りの取っ手をつけていたようなもの」（前出通産省OB議員）だったということが、はっきりしたというだけなのだ。

エネルギーと資源を軸とする「通商外交」が、日本の思惑どおりには機能していなかった現実を、この通産省OBの国会議員は噛みしめざるをえなかったのだ。

二〇一一年の東日本大震災から一週間と経たずに、中国系の新聞には、ついに中国国内で第四世代となる新型原発が着工されるという記事が載る。

前年、二〇一〇年には、中国で初の国産技術による原発が運用を開始していた。

《今回、嶺澳原発2期・1号ユニットが発電をスタートしたことで、中国は第2世代改良型・100万キロワット級原発技術を掌握したことになる。これにより、原発設計の自主化と設備製造の国産化能力が基本的に形成され、第3世代原子力発電技術の高レベルでの導入、消化、吸収に向け、基礎を固めることとなった。》

（『人民網日本語版』二〇一〇年七月一六日）

ここで触れられている「第3世代」の原子力発電とそれ以前の原発とのあいだに、どれほどの技術的な飛躍があるのかは情報が少なく、なお未知数の部分も多いと指摘する日本のエネルギー技術の専門家もいる。しかし、その実用化・展開の早さは、日本とは比較にならないのはたしかだ。

共産党による指導体制が確立している中国の政治構造が、国家的プロジェクトをすみやかに進展させるうえではきわめて有効であるというのは、中国を知る者ならば一致した見方である。

そして、「自主設計、自主製造、自主建設、自主運行」のスローガンは、いまや原発に限らず中国国内の産業政策の至るところに浸透している。原発の基数だけでみても、中国は世界一〇位に入る原発大国へと成長しつつある。

とにかく、そのスピードがすさまじい。

一九九九年に中国国内で運転されていた原発はわずか三基で、総出力も二二六万八〇〇〇キロワットにすぎなかったが、これがわずか一〇年で一一基、総出力も九一八万キロワットにまで増えたのである。

中国はかつての日本を上回る早さで原発開発を進めているのだ。中国が、これほどの早さで原発技術を獲得することは、日本政府、そして原子力技術の関係者のあいだでも予測されていなかったにちがいない。

日本の側には、ある種の悠長ささえ漂っていた（以下、原子力委員会『原子力の研究、開発及び利用に関する長期計画』平成一二年一一月二四日より)。

《アジア諸国との協力においては、相手国の国情や計画に合わせて安全規制に従事する人材の育成、規制関係情報の提供等の協力を二国間、又はアジア原子力協力フォーラム、IAEA特別拠出アジアプロジェクトといった多国間の協力枠組みを利用し、アジア地域の原子力の安全性の向上を図ることが重要である。》

さらには……。

《原子力研究開発分野における欧米の牽引力の低下や、アジア地域における今後の原子力研究開発利用の拡大の見通しを踏まえ、これまでのキャッチアップ重視の態度から、フロントランナーにふさわしい主体性のある国際協力を進める。》

続けて、アジアとの関係についてはこうも言う。

《多種多様な国情を踏まえ、相手国の国情と開発段階に応じ、きめ細かい協力を行う。各国が自立的に原子力研究開発利用での実績を積んでいくことができるよう、その国の技術向上に係る自助努力を支援する。例えば、原子力委員会の主催するアジア原子力協力フォーラムにおいて、情報・意見交換、技術交流の場を提供しており、地域での関連技術レベルの向上等に寄与していくことが必要である。

アジア諸国の原子力発電所建設計画への対応については、今後も国際競争の下、民間主体で商業ベースにより協力していくのが適当である。国は、相手国との協力関係の進捗に応じ、具体的なニーズを踏まえ、二国間協力協定等による資機材移転を可能とする平和利用等の保証取付の枠組み作りを行い、法制度の整備、基礎技術レベル向上のための技術協力等の環境の整備を行う。》

天安門事件からわずか一〇年、二〇年で、中国の技術力、経済力がここまで伸長することを予測せよというほうが無理だったのかもしれない。しかし、日本が中国の土地と人間を、外交上、戦略的に利用しようとした形跡は、経産省内においてさえなかった。

そこには、戦前の両国間の負の歴史にもとづく萎縮があるのではないかという指摘もあろう。だが、中国との通商外交は、じつは日中国交正常化までは、経産省OBの言葉を借りれば、「タクティクスに富んでいた」のだ。

日中国交正常化を成功させたのは一九七二年の田中角栄内閣であり、それ以前に日本と中国とのあいだには正式な国交はなかった。

「だけど、それは表の話でね。実質は、中国との貿易は〝LT〟でやっていたわけだから。通産省主導でね」

LT貿易とは、日中国交回復からさかのぼること一〇年前の一九六二年に両国間で結ばれた取り決めにもとづく、半官半民的な貿易交流の形態を指す。

この取り決めは「日中貿易に関する高碕達之助（元通産大臣）・廖承志の覚書」とも呼ばれ、LTは廖承志と高碕それぞれのアルファベットの頭文字をとったものとされる。

「このLT貿易時代の中国との交流が、いまでも影響を持っている。顕著なのは全日空だな。全日空の中国路線は日本航空をしのぐだろう。全日空はLTのころからの中国との長く太いパイプがいまでも生きているから、路線を拡大しやすいんだ。中国というのはそういう国なんだよ」

中国滞在経験のある経産省OBはそう中国の特殊性を強調してみせる。

日本が巨額の円借款を中国全土に延々、ばらまき続けていた一九九〇年代後半からすでに、中国はアフリカ諸国に経済援助と技術支援を惜しみなく続けていた。

さらには、ウナギ登りの軍事費で軍の近代化を推し進めてきたのだ。

その結果、資源豊富な中国はさらに資源の豊富なアフリカ諸国との連盟的紐帯を築くにいたり、日本はいまなお、国際政治の上を綱渡りするかのような資源確保を余儀なくされている。

「通産省は、外務省を出し抜くかたちでのLT貿易で、中国と戦略的な互恵関係を築くことができたはずだ。国交がないのに、向こうに事務所まで持っていたんだからな。でも、駄目だったんだな。遥かなる中国と言ったらいいのかな。こと中国相手だと、戦中の反省と戦前の懐かしさが入り交じって、どうも冷静さを欠くんだよ」

この戦後生まれの国会議員が言うように、通産省はこと中国相手には「日中友好」というスローガンの〝裏地を描く〟ことができなかったようだった。そして気がつけば中国は、国際エネルギー市場での先端商品である原発輸出の戦列に加わるところまできているのだ。

通商戦略が描けていなかったというよりは、外務省の先手を打ってやれと、LT貿易中も通産省は外務省ばかり意識していたのではないのか――。

そう訊ねると、この議員は笑って、こう応えたのだった。

「外務省はまあ、宿敵といえば宿敵だからな。しかたないだろうな」

その言葉は、対外的な局面においても、省庁戦争ともいうべき、内向きの意識のほうが勝ることを示唆していた。

現在でも中国国内で日本大使館の会話が外に漏れていないと考えている職員は皆無である。

昨年、伊藤忠商事の丹羽会長が初の民間人大使として赴任して以後の状況は不明だが、ある時期まで、中国の日本大使館内には、外の人間からは知られていない部屋があった。まるでマトリョーシカ人形のように、部屋のなかにもうひとつの小さな部屋があるのだ。その箱には、床下に、免震構造住宅のようなスプリングが付き、床から浮いている。

内部には重厚な防音・密閉処理が施され、その会話が外に漏れないようになっている。床から浮かせてあるのは、声の振動が床下を通じてさえ漏れないようにするためだ。

盗聴されていることが前提の大使館内部で、肝心なときには大使以下、大使館幹部はこの箱のなかに入り、協議と連絡を行なうのだが、経産省出身の大使館員はしばしば、この箱から締め出され、外務省との深い溝を思い知らされることがあったという。

国益の前に省益が立つのが、日本の〝外交〟である。日本が戦略商品として位置づける原発でさえ、この構造から自由ではないのだ。

さいわい日本は、ベトナムとの友好関係を築くのに成功し、日本初の原発輸出をベトナムで成功させようとしている。しかし、そのベトナムにおいてさえ、外務省と経産省の熾烈な争いに乗じるかたちで、日本企業もまた政治色強く動いているのが現実なのだ。

日本の原発輸出という国策は、なお一貫性・一体性が確立されていないようにも映る。

「俺たちは認可しただけだ」

エネルギー行政のまさに本流を歩いてきた経産省OBがつぶやいた「まずいな……」という言葉は、経産省のこれまでの政策の軌跡にこそ、向けられるべきものかもしれない。

ある経産省の幹部のひとりは福島第一原発の惨状を目の当たりにして、その行政の責任を問われると、こう言い放った。

「俺たちは認可しただけだ。原発を推進してきたのは東電だとか、電力会社なんだ。申請があって、その内容が適正であれば認可するのが行政の役割なのであって、危ない原発を設置してきたのは役所の責任だなどと言われるのは筋が違う。昔みたいに規制行政の時代はもう終わってるんだ。役所の指導がすべてだった時代とは違う」

しかし、まだ課長補佐である若手の役人のなかからは、こんな声も聞こえてくる。

「でも、原発を産業として育成して、定着させてきたのはやはりかつての通産省で、経産省ですから、今度の事故やその処理についてとはまた別に、個人的には施策を所掌していた立場としての責任がないと言いきるのはちょっと……」

福島第一原発が危機的状況に陥った直後、原子力安全・保安院と東京電力、そして官邸のあいだで混乱が続くその最中、東京都内のある住宅地で、経産省の最高幹部のひとりの自宅の様子をうかがったことがあった。

原子炉内部の状況がわからず、予断を許さない状況にある最中のことだった。

仕立てのいい厚手のコートに身を包み、午前一一時近くになってようやく出勤していくその〝優雅な姿〟に、残念ながら国民生活を不安に陥れていることの危機感を感じとることはできなかった。

原子力安全・保安院は経産省の外庁に位置する存在ではあるが、経産省もまた、その組織の本丸としての役割を最大限果たすべき時期だったはずである。経産省におけるその人物の立場を知ればこそ、権限は目いっぱい抱えこむ一方で、職責は最小化されているのだなと考えざるをえないのだった。

水道水からもヨウ素が検出され、一三〇〇万人の人口を抱える東京でさえ混乱と不安に陥っている最中であってなお、午前一一時まで自宅に籠っている姿が、経産省幹部の〝幹部らしさ〟なのだ――。

そういうことを考えている私の脇を、眉間にしわを寄せながら、電動自転車の荷台におそらくは飲料水らしきペットボトルの入った段ボール箱を積んで、若い母親が走り抜けていった。

この大きな、埋まりえない溝のなかに、この原発危機という現実はすっぽりと落ち込んでしまっているのかもしれない。しかも、その危機的状況は東日本大震災を待たずして、もう何十年も前から、日本にあったのかもしれなかった。原発が産業化される、その瞬間から。

第2章

夢のエネルギーの隘路

原子力が渇望された時代

「こんなことになってしまったけれど、あれは夢のエネルギーなんだがな」（経産省ＯＢ）

後手後手にまわっている感のある福島第一原発の、その対応さえなければと、男には悔やまれてしかたないのだ。

そこには二つの〝夢〟があったという。

原子力こそは、明治以来、国際社会のなかで資源獲得に苦悩しつづけてきた日本が、エネルギーの外部依存体質からついに脱却できるのではないか、という期待。

そしてもうひとつは、二酸化炭素を排出しないクリーンエネルギーとしての原子力への期待であった。

しかし、この原子力という夢のエネルギーは、欧米諸国からの輸入技術によって実用化が可能になったものの、それは当時としてもなお先端技術であったゆえに、大きな課題を抱えたままであった。当の欧米諸国においてさえも、そのもっとも肝心な問題が解決されないまま運用されていた。

原子力発電所が寿命を迎えたときの、廃炉技術である。

福島第一原発も、「一九八〇年代初頭には、二〇〇〇年までには寿命を迎えて廃炉になるだろうという想定」（経産省官僚）だったものが、結局、廃炉にしないまま、今日、東日本大震災で被災するという状況に至った。

夢のエネルギーとはいっても、それは戦後の高度経済成長において、天井知らずの電力需要をまかなううえで、石油や石炭ほどは短期的な需給情勢に左右されないということにすぎないはずだった。

クリーンエネルギーとしての原子力というお題目も、じつは一九九〇年代以降、二酸化炭素の排出量が国際社会で話題になりはじめて以降、原子力政策推進のためのキャッチフレーズとして掲げられたものだ。

「通産省は、もちろん、最初からクリーンエネルギーとして原発を考えていたわけではないよ」（経産省官僚）ということになる。

しかし、日本で原発推進への追い風が吹いた背景には、オイルショック以降の多難な世界情勢、そして日本国内のきびしい経済情勢があった。

この時代について、企業内部から細やかに記述された珍しい記録がある。

産業素材としては老舗である日本油脂の労働組合が一九七九年に作成した資料だ。労組らしい批判的視点も強いが、しかし同時に、無色透明の企業史誌にはない、率直な本音もかいまみることができる。

《世界経済は、全般的にみて、依然として停滞し、イギリスやフランスの失業者は、戦後最悪を記録し、西ドイツも失業者が増え、景気回復の足取りは鈍くなりました。

　昭和五十二年五月、ロンドンで開催された先進国首脳会議では「インフレなき景気の拡大」を期して、景気、貿易、南北、エネルギーなどを論議し、数々の合意をみました。しかし、経済大国と発展途上国の経済格差縮少〔ママ〕が課題の南北問題一つとってみても、国際経済協力会議（CIEC）は、〝南北対話〟に失敗しました。

　その結果、サウジアラビアは、中東和平への思惑ともからめながら、七月からの原油価格を五％引き上げ、他のOPEC諸国の石油価格と、ふたたび統一されました。

　こうした動きは、「大国支配の時代が終った」ことを実証しました。

　四十八年の石油危機を契機として、世界経済は、未曾有の不況に見舞われましたが、石油危機そのものは石油の低価格、安定供給という概念を根底からくつがえしました。OECD（経済協力開発機構）の調査によれば、現在のままでエネルギー情勢が推移すると、近い将来エネルギー危機がやってくると警告、代替エネルギーの開発が急務だと訴えました。

　アメリカも、このままでは十年以内に危機がくるとの認識から、カーター大統領は、議会と対立してまでも、エネルギーの消費制限を強く国民に訴えました。（中略）

国内では、「経済の福田」と自他共に許す福田内閣になっても一向に晴れ間が見えず、構造不況は深刻で、繊維、造船、アルミ、肥料、平電炉、工作機械などの業種にたいする有効な施策が急がれました。失業者は増大し五十二年五月の倒産は、千六百五十件、負債総額も三千五百億円の最高を示しました。

政府は、公定歩合を、一・〇%、〇・五%と引き下げ公共投資の上期繰り上げなどを実施しましたが、市況や民間投資にあまり変化がありませんでした。

そして、日本経済は、アメリカ、ECの輸入制限、原油価格の値上り、発展途上国が工業化することによる、日本国内産業の構造的不況、過剰設備など、今後も低成長が続くものとみられました。》

（『日油労組のあゆみ』）


いまから振り返れば、戦後の日本経済は上昇機運一色の時代であったかのようにみえるが、しかし企業の内側から、しかも労組の視点からみれば、これだけ危機感の強い時代であったことがわかる。

石油資源にたいする危機感が日本だけでなく、世界を包んだなかで、使用済み燃料の処理や廃炉技術という原子力発電の〝出口〟をみつけられないまま実用化に突き進んでいったのは、日本だけではなく、欧米諸国も同様だった。

原発大国アメリカの「事情」

二〇一一年現在、米国国内で運転されている原発は一〇〇基を超え、世界の国々のなかでも圧倒的な原発大国であるものの、しかし、一九七九年以降は、米国内での原発新設の気運は一気に収縮し、発注実績がまったくない状態が長く続いた。

一九七九年三月二八日、ペンシルベニア州スリーマイル島で、深刻な放射能漏れ事故が起こったためだった。

スリーマイル島の事故は、今回の福島第一原発の事故とは異なり、水素爆発などを引き起こすことはなかったが、しかし人為的ミスが重なり、放射性物質の外部放出を招いたことから、米国世論に、原発にたいする強い拒絶反応を生みだした。

米国においてはこのときに原発にたいする安全神話がすでに崩壊したといわれ、以来、長く原発にたいする慎重論が続いていたのだ。

このスリーマイル島の事故炉で採用されていた加圧水型原子炉（ＰＷＲ）は、当時日本でも同型が九基設置されており、運転中だった関西電力大飯発電所の同型炉は、この事故を受け二カ月間かけて細部の点検を行なった経緯がある。

「原子炉の規格そのものには、いまだ世界基準はない」（経産省技官）が、世界のどこかで事故が起こると、その影響が他国にも飛び火するという、不可思議な〝国際的構造〟がそこにはある。

米国はその後、ロナルド・レーガン時代の一九八一年に「原子力政策声明」を出し、原発の利用促進に再度、舵を切る空気をみせたが、結局、八〇年代、九〇年代とその後二〇年間は足踏み状態が変わらなかった。

その背景には、スリーマイル島の事故による規制強化によって原発建設のコストが大幅に増大したことに加えて、レーガン政権下で膨らんだ、財政赤字と景気低迷の影響もあった。

それから三〇年を経て、バラク・オバマの大統領就任とともに、フロリダで新規着工の計画が現実味を帯びてきていた。

その矢先、福島第一原発の事故が発生したのだ。

ロスアンゼルスなど西海岸では、日本同様に強い不安が巻き起こり、米国内でも、安定ヨウ素剤の西海岸での需要が爆発し、一時、入手困難になっている。

福島第一原発事故の深刻化を受け、沖縄をはじめとする日本国内の主要米軍基地には幹部と主要部隊に異例の待機命令が出され、緊張が高まった。

米国ワシントンＤＣのエネルギー省関係者は事故直後、こう話していた。

「フクシマで漏れた放射能は気流に乗ってアメリカ本土にもやってくる。こちらはすぐにＦＥＭＡ（合衆国連邦緊急事態管理庁）をはじめとして最悪の事態を想定して動いていたが、日本は危機管理と情報管理がまったくできていない。フクシマが最悪の事態になればアメリカにも被害が及ぶので、最終的にはワシントンが介入せざるをえない」

エネルギー省関係者のこうした懸念を裏付けるように、米国の大使館関係者や軍属と呼ばれる駐留米軍の家族たちは続々、米本土へと脱出していった。

東京から一六〇〇キロ離れた沖縄の基地では日本本土ほどの緊張感はなかったが、しかし、那覇・成田便ではなく、那覇・福岡便から関空へ、そして米本土へと乗り継いで帰国していく米軍の家族や関係者の動きは慌ただしかった。

あるいはワシントンの政治ロビーの事務所が集まるＫストリートからは、こんな生々しい見方も届いた。

「オバマは今回の件には強い懸念を抱いている。必ず全面協力という名のもとで、かつてないほど強力に事態収拾に向けて関与するはずだ。フクシマが崩壊すれば、米国の原子力政策はまたスリーマイル島のころに戻るんだ。そうすれば、強い政治力を持つ米国内のエネルギー産業界が黙っていない。オバマの再選だって危うくなるな」

ワシントンからのこうした見方はじつにわかりやすく現実のものとなり、オバマ政権は福島第一原発の鎮静化に向けて、在日米軍を通じて物量、人材両面で惜しみない援助を続けている。

原発とは、きわめて政治的な〝国際的構造〟を持った商品であることが、改めてうかがえる。

安全神話のパラドクス

原発が事故を起こすと、世界的規模で一斉に点検と検証作業が行なわれるのだが、しかし、「裏返してみれば、事故の実例が少ないということは事故対応の際のノウハウの蓄積が少ないことでもある」(資源エネルギー庁元幹部)と言えた。

「事故は発生しないにこしたことはない。とくに生物界に致命的な一撃を与えるような事故は絶対に起こってはならないのはたしかだ。しかし、事故の経験が少ないということは、今回の東日本大震災のように想定を越えた事態にたいしていかに対応すべきか、危機管理のノウハウが蓄積できていないということにもつながる」と指摘する、経産省の現役役人の言葉は冷静なものだろう。

そんな見方を踏まえれば、世界で唱えられてきた「原発の安全神話」とは、じつは重大事故が少ないことからくる裏打ちのないものであり、空虚な絵空事にすぎないのではないかとさえ思えてくる。

米国世論が原発にたいする態度を転換させたスリーマイル島の事故からわずか二年後の一九八一年、日本でも福井県の敦賀原発で放射性廃液の漏出事故が発生した。

通産省の早朝の発表は、四月の春ののどかな空気を一変させた。ただ、これは原子炉そのものの事故ではなく、廃棄物処理施設という二次施設でのずさんな管理が原因となったものだったが、これをきっかけとして、数々の小さな事故隠しが明るみに出たことから、国民の原発への不信感は一気に高まった。

隣接する日本海に漏出したコバルト60、マンガン54の放射能濃度はきわめて低く、漁業被害や人体被害などは引き起こさないと、今回の福島第一原発における事故と同じような発表が繰り返されたが、監督官庁の通産省も、そして敦賀原発を運営する日本原子力発電も、国民の不安感情の根底が何かを見誤っていたきらいがある。

放射能の専門家ではない圧倒的多数の国民にとっては、数値の大小そのものが安心にはつながりえず、放射能が漏出したという状況そのものが不安の根であるのだ。

この敦賀の事故を踏まえて、当時の通産省は技術基準から安全基準、そして保安規定の整備、さらに国への報告内容の拡充を指示した。

しかし、その敦賀事故からちょうど三〇年目の二〇一一年に起こった今回の原発事故における、東京電力と経産省、原子力安全・保安院、そして官邸とのあいだの情報伝達の混乱ぶりをみれば、敦賀の蹉跌《さてつ》が生かされたと考える国民は少ないだろう。

「ありえない事故を想定することも、原発運営ではきわめて大事なこと」（資源エネルギー庁元幹部）であるにもかかわらず、そうした原発運営の基本ともいうべき部分については、実用化から半世紀が経とうとしているにもかかわらず、なぜこれほど稚拙なままなのだろうか。

ひとつには、先に挙げたように、事故の少なさが逆にノウハウの蓄積を阻害しているという面がある。そしてもうひとつは、「エネルギー抽出の効率化と、原発であれば燃料の効率化にばかり、いまだ目が向いている」（資源エネルギー庁元幹部）ことがある。

つまるところ、原子炉の技術向上と燃料技術の向上にその人的・経済的資源が注がれ続けているということになる。それらと、大切な「安全研究」とのバランスを欠いたまま、原発は歴史を刻んできたのだ。

「枯渇資源依存からの脱却」という錦の御旗

欧米、とりわけ米国からもたらされたエネルギー革命によって、日本の生産設備はすべて石油によってしか動きえないところへ追い込まれた。しかし、枯渇資源に拠ったエネルギー需給体制からの脱却をめざした原子力発電においても、日本は同様の問題に直面してしまっていた。

それは原子力を実用化する当初から専門家のあいだで諒解されていた話ではあったが、結局は、欧米の圧力に屈したとみるほかはない。

原発はウランという、石油以上に生産地域の限られた枯渇資源がなければ成り立たないものなのだ。

原発の燃料であるウランは、天然ウラン鉱石を採掘し、そこから核分裂を誘引するウラン235という物質を抽出し、高濃度に処理する必要がある。燃料としての効率を高めるために濃縮されたこのウランを焼成処理して整形したものが、燃料棒だ。

世界のウラン埋蔵量はOECDの調査によれば、一九八〇年代では全世界で三〇〇万トン弱と見積もられていた。しかし、鉱物資源は採掘技術と探査技術の進展によって試算が増減するために、この埋蔵量そのものに決定的な意味があるとは思えない。

むしろ注目されるのは、その埋蔵場所である。

たとえば、一九八〇年代当初の埋蔵量に占める割合でいけば、米国ではテキサス州を中心に二〇〇万トン強があり、カナダ、オーストラリア、そして南アフリカと続く。

このOECD調査が行なわれたのは、いまだ冷戦時代であり、いわゆる西側諸国での埋蔵量しか把握できず、ロシアや中国などの資源はカウントされていない。

日本はここでも再び、枯渇資源からの脱却をめざしながら、その首根っこであるウラン燃料の供給において、海外依存、圧倒的な米国依存にならざるをえないという根本的な課題を抱え込んでしまう。

「探鉱は当たれば大きいけれど、ほとんど博打みたいなもの」とは通産省OBの言葉である。しかもその供給を石油同様に海外に依存するのだから、原発が〝安定したエネルギー〟になりうるという想定には、当初から無理があった。

ちなみに、このウラン鉱石とならぶ枯渇資源として、通産省が早い時期から問題視しながら、決定的な手を打つに至らなかった資源に、リンと窒素がある。

リン鉱石もまたウラン鉱石以上の希少資源とされ、現在、日本は米国内でも寡占状態にある企業からの輸入に頼らざるをえない。このリンと窒素は農業において肥料となるだけでなく、工業製品においても不燃素材の生産に不可欠な資源であり、これらを自前でまかなうことができない日本は、ここでも資源小国として国際政治の動向に首根っこを押さえられている現実がある。

ウラン鉱石は、日本が米国の同盟国として存在しているかぎりにおいては、安定的な供給が見込めよう。しかし一方で、その供給を一〇〇パーセント輸入に頼らざるをえないかぎり、高い電力生産コストは、電気代に上乗せせざるをえず、ツケは結局、国民が払うことになる。

それは一般国民に限らず、産業分野におけるコスト増にもつながり、それが国内産業にも悪影響をおよぼすのではないかという問題意識が、一九八〇年代の通産省にはたしかにあった。

そうした〝エクスキューズ〟を使って、通産省が推し進めたのが「核燃料のサイクル技術の確立」だった。半永久的に燃料が減少しないと謳われた「高速増殖炉（ＦＢＲ）」の建設である。

これはウラン燃料の消費によって発生するプルトニウムを新たな燃料として利用するもので、〝夢のエネルギー〟に、さらに新たな〝夢〟を加えるものだった。

こうして、日本の原子力政策は廃棄処理技術よりも、次世代技術への投資に注力されてきたのだった。あたかも核分裂さながらに、それは止まりえないものであった。

エネルギー覇権のプロセス

「日本が原発をはじめとする新エネルギーの研究・開発に本腰を入れるようになったのは、一九七三年のオイルショックからですよ。通産省としては七〇年代に入ると、ちょうど、石炭の後処理も先がみえてきて、新しい政策を求めていたんだな。それで、資源エネルギー庁を立ち上げたわけだ。二一世紀はエネルギーの時代だと、国民だけじゃなくて、政権もまた新しいスローガンを求めているわけだよ。通産省は悩んでいたからね。石炭が終わりかけて、さて、石油を獲得するというだけではなくて、どう新しいものを掲げるかでね。後処理だけでは予算が獲れないから。予算をとるためには新しくて有益なものを掲げないといけないんだ。オイルショックはその意味で、大きな契機になったんだな。大蔵省を説き伏せる意味でも大きかったし、それに、議員連中を味方につける意味でもね」（資源エネルギー庁元幹部）

この元幹部はその後、エネルギー関連企業に天下って晩年を送ったが、この言葉は示唆に富む。

たしかに、通産省はまさにオイルショックのあったその年、一九七三年に鉱山石炭局と、電力業界を所管する公益事業局を統合・整理し、資源エネルギー庁を設立していた。だが、オイルショックがこの新しい通産省の外庁設立を誘引したというのでは、時期が合わない。通産省はかねてより、新しい政策スローガンを模索していたなかで、このオイルショックという外からの衝撃を大いに利用したのである。

これまで石炭、石油という資源行政を一手に引き受けてきた通産省は、じつはここで、エネルギー全般を所掌するという、二一世紀をにらんだ拡大策にも打って出ていた。

役所の名称は、企業であれば法人登記の約款と同じほど意味を持つという。組織の設置を含めて法律と政令、省令にがんじがらめになっている霞が関の官庁では、最初の段階でたとえその関与がどの程度になるか不明であっても、とにかく広く広く、その所管の範囲を獲得しておかなければならない。

「いかに幅広く、どこまでイメージが膨らませられるかが、その後の施策を打ち出すときにも大事になってくる」（経産省元審議官）のだ。

どこまで大きな所管範囲を持ち、そして、そこで予算付けできるかが、役所の存続にさえかかわってくる。後に、橋本龍太郎内閣の行革にともなう中央省庁再編時にも、この考えは敷衍《ふえん》され、通産省は再び、大きく、その所掌権限の拡大を図ることになる。

通産省に限らず、日本の役所は、所管領域と所掌権限を拡大することはあっても、決して縮小することはない。これが、すべての基本原理だともいわれる。

通産省は資源エネルギー庁を設立した一九七三年以降、新しい産業政策を全面的に打ち出すべく蠢動《しゅんどう》していく。あたかもそれは、すべての産業にとって必要不可欠なエネルギーという部門を所掌したことで、国民生活の根幹をも牛耳ったという自負にもみえた。

通産省のこの時期の政策については、日本研究の古典ともいえる『通産省と日本の奇跡』

のなかで、チャーマーズ・ジョンソンがこう記している。
〝外の眼〟が描いた記録として貴重なものだ。
《一九七四年一一月一日、通産省は最初の産業構造の「長期ビジョン」を公表した。これを、通産省は目標の一〇年の残りの期間、毎年改訂し、国民の議論に供するため出版した。「ビジョン」は、エネルギー節約と石油備蓄のためのきびしい基準を設定し、「知識集約化産業構造」がどのようなものかを詳細に示した。さらに保護主義が重大な脅威であり、日本はみずからのために「国際化」する必要があると主張し、国民、政治家に、一般的に日本が経済的にどの位置にあり、繁栄をつづけるためにどの方向にすすまねばならないかを説明した。また、「ビジョン」は、「計画主導型市場経済」の概念を導入した。これは基本的に、佐橋のかつての「官民協調形式」を政府のなかに制度化したものである。これは、産業構造審議会に、予算優先順位、投資決定、研究開発支出についての調整を毎年行なう責任を与えるものである。（中略）
一九七〇年代の新しい経済環境は、通産省に過去五〇年のあいだに完成させた古い機能を活用する機会を与えた。たとえば、七〇年代後半、通産省は「構造不況業種」（繊維、化学肥料、平電炉、アルミニウム、造船、一部の石油化学）において、スクラップすべき設備能力を割り当て、カルテルを結成させるのに忙しかった。「特定不況産業安定臨時措置法」（七八年五月一五日）にもとづいて通産省は、企業が過剰設備をスクラップする費用をまかなうため（債務保証）、一〇〇億円（八〇億円は開発銀行から、二〇億円は産業界から出された）の基金を設立した。また、この法律は「投資制限カルテル」と過剰設備を減らすための共同所有にたいする独占禁止法の例外規定をふくんでいる（公取は反対した）。これらはすべて、通産省にとって手なれたものであった。

前向きの面では、石油ショックのあと数年で、通産省は多くの発電施設を石油から天然ガス、LPガス、石炭に転換した。また、一九八〇年現在で原子力発電を五八パーセント増加させた。また、日本の四三の高炉のうち約半分を重油からコークスとタールに転換した（そして、すべてを転換する計画である）。通産省は、石油輸入量を七三年水準の一〇パーセント以上減らし、石油供給の一〇〇日分以上を備蓄し、また石油供給ソースを中東から他地域（メキシコが有名である）に多角化した。また通産省は、冷房コストを引き下げるためファッションデザイナーに夏の男性用（ネクタイなし、半ソデ、そしてサファリスーツ・スタイル）の「省エネルック」をつくるよう依頼した。七九年七月、江崎真澄通産大臣は、この新しい服を着た写真をとり、そして通産省の役人に、服をこれに変えるよう命じた。しかし大蔵省は「省エネルック」を職員に着せるにはあまりに威厳がないということで、これを採用しなかった。》

ジョンソンは、こうした通産省が構造転換を主導した軌跡を、まさに日本の奇跡ともとらえ、積極的に評価しているのだ。

《一九七〇年代に通産省をめぐって渦巻いた混乱にかかわらず、七〇年代末には、通産省の幹部たちは満足しうる成果を手にしていた。日本は、戦後、官僚たちが設定した長期目標を大きく上まわって達成した。日本は、現実に西欧と北米に追いついた。すべての日本人の生活は、一九三〇年代の貧困、四〇年代の死と破壊のなかから、世界でもっとも高い一人当たり所得水準にまで引き上げられた。七〇年代に、日本経済は二度の石油危機を切り抜け、より強化された体質をもって登場した（依然、通商の途絶といった事態には世界でもっとも弱いままではあるが）。》

話を原発に戻せば、この流れのなかで、通産省は資源エネルギー庁によって原子力を取り込むが、ここで忘れてはいけないのは、総理府（現・内閣府）の原子力局が日本でもっとも最初に原子力政策を所掌する部局として設置されていたことだ。

資源エネルギー庁を設立し、エネルギー行政全般の監督権限を〝構制〟することで、通産省は、この原子力局から、実質的にその政策決定の地位を奪ったのである。

このことによって生じた歪みは、今日においても顕著なかたちで残っている。

国の原子力政策の方向を決定する原子力委員会はいまも内閣府に置かれ、日本の『原子力白書』は、経産省からではなく、内閣府から発行されているのだ。実質的な監督官庁は経産省であるにもかかわらず、だ。

新エネルギー対原発

原発を含めた原子力発電の研究基盤ともいうべき、日本原子力研究開発機構は、経産省の所掌機関として二〇〇五年に設立され、資源エネルギー庁の監督下に置かれることになった。

その、日本原子力研究開発機構こそ、日本の原発産業の次の〝夢〟である高速増殖炉と、そして、いまだみえない出口である、放射性廃棄物の最終処分についての、唯一ともいえる日本の研究基盤となっている。その本部は茨城県の東海村に置かれていることからも、その前身は容易に察しがつく。

日本で初めて原発を実用化した、一九五六年設立の日本原子力研究所がその母体である。

一九七三年に資源エネルギー庁が設立されてから七年後の八〇年、通産省は、石油資源依存からの脱却をめざす代替エネルギー研究促進の現場に関与するために、新たな機関を立ち上げる。

現在、NEDO（新エネルギー・産業技術総合開発機構）と呼ばれるその組織の前身である、新エネルギー総合開発機構が設立されたのは一九八〇年の一〇月だった。

予算を持って旗を振るのは通産省であり、そして、その下で現実に予算を個々の領域に振り分けて管理するのはＮＥＤＯという仕組みができあがる。

予算を獲得する組織が通産省本省であるとすれば、予算の執行組織がＮＥＤＯをはじめとする機関や団体、あるいは基金であるということになる。

霞が関の官庁街において、こうした組織の分立と役割分担は一九九〇年代まで数多く行なわれることになるが、特殊法人の肥大化を招いたとして、二〇〇〇年に入ってからは淘汰の波に晒されることになった。

「役所の施策というのはつねに川上に立たなければ成り立たないんだ。川上から予算を流せば、そのまま下に流れていく」

経産省の元局長のこんな見解を踏まえれば、通産省は、一九七〇年代において、オイルショックという〝外圧〟をテコとして、エネルギーという産業政策の川上どころか、源流をしっかりと確保したということになるのだろう。

その源流域をどう開発していくのか、そこに通産省とＮＥＤＯの課題があったのだ。

ＮＥＤＯが設立された一九八〇年代に入ると、通産省は新エネルギーの開発を怒濤の勢いで進めていった。原子力に加えて、太陽熱、太陽光、風力、地熱、潮力といった、日本の地理的環境を生かした、ありとあらゆる新エネルギーの研究にカネが落とされていくようになったのだ。

「でも、そのどれも結局、コスト的にダメだったな。太陽光と原子力だけが、産業になる道がみえた。でも、その太陽光も、当時はどうしても国民がそっちに目がいかなくて、普及しなかったんだ。今回の震災で、計画停電だと騒いで生活に支障が出るようになってようやく、省エネが必要不可欠という認識になったけど、こういう状況にならないとダメだということなんだよな」（資源エネルギー庁OB）

省エネおよび新エネルギーの普及は、通産省、経産省にとっては施策上、二度目のチャレンジとなる。通産省はオイルショック後に一度、省エネのための取り組みを国民に浸透させようと試みて、敗北を喫していた。

一九七九年、「エネルギーの使用の合理化に関する法律」、通称・省エネ法が制定され、事業所から住宅、運輸業界に至るまで省エネへの取り組みが奨励されたものの、「省エネ対策は当然、民間にとっては新たな経済負担がかかるものだったから、強力な導入インセンティブが必要だったんだが、自助努力を促す具体的目標に乏しかった」（資源エネルギー庁OB）のだ。

新エネルギーに関しては、一九九〇年代に入ると研究開発のための予算規模も縮小されていき、九〇年代後半に温暖化対策が国際的規模で叫ばれるようになるまで、その存在はほぼ地下にもぐることになる。

もちろん、その間もほそぼそと新エネルギーを費用対効果で実用化できる水準に近づけるための研究は進められていたが、それはごく一部の大学研究者や、あるいは奇特なエンジニアたちによるベンチャー的研究に委ねられることになった。太陽光発電においても状況は同じであった。

つまり、新エネルギーがその採算性とエネルギー効率において実用化の戦列から脱落していくにしたがって、「残ったのが原発ということ」になったのだ。

現在、日本国内で稼働する五四基（運転停止中も含む）の原発のうち、オイルショックを経た七〇年代後半以降に着工されたものはじつに三六基である。

通産省はオイルショックをテコに原子力産業を完全に掌握し、一気に許認可を与えていったが、通産省が原発を所掌する以前に、すでに原発は実用化が完成していたという点で、他の新エネルギーとは比較にならないアドバンテージがあった。

チェルノブイリ事故の衝撃

日本国内の原発の立地については、ほぼ一九八〇年代までに用地取得のメドがついた場所が、今日までほぼ踏襲されている。八〇年代を境に、新たな用地取得は困難になっていくのだ。

一九八六年、チェルノブイリで原発事故が発生する。

この事故は日本だけでなく、世界の原発産業に衝撃を与えた。ソ連が原子力発電を実用化したのは一九五四年であり、それは世界初の快挙だったのだ。そんな〝原発先進国〟で起こった考えられないような事故は、当初、共産主義国家ソ連による情報統制によって事態が正確に報じられなかったこともあって、世界中の人々の恐怖感をいっそう増幅させることとなった。

作家・広瀬隆の著書『危険な話——チェルノブイリと日本の運命』が日本で社会的ブームとなったのは事故の翌年、一九八七年のことだ。

「たしかに、そうした社会全体の反原発ムードが電力会社のなかで原発を特殊な領域にしたのかもしれないな。声に出して語るのがはばかられるような、ある意味で隠蔽《いんぺい》体質などと言われてもしかたがない雰囲気をつくりだした面があるのは否定できない。電力会社は原発の開発を請け負っている側にさえ決して心を許さない感じはあるからね。タブーという意識ができて、よけいに籠っちゃったんだろうな」（原発製造請負企業関係者）

原発用地の取得が「八〇年代を境にほぼ膠着状態に入った」という経産省ＯＢの言葉が

端的に示すように、反原発ムードは未曾有の高まりをみせていた。

こうした情勢を背景に、新たな原発は、すでに運転を開始している原発の敷地内に建てることを余儀なくされるようになったのだ。

今回、事態の重大化を招いた福島第一原発においても、そうした事情がはっきりとうかがえる。

福島第一原発の場合、これまで六基の原子炉が稼働していたが、さらに二基の原子炉が着工準備中だった。今回の震災がなければ、近い将来、八基の原子炉が密集し、日本でももっとも多い基数を擁することになっていた。

福島第一はいわずとしれた東京電力が所有する原発だが、この東電所有では、新潟県柏崎の原発も、すでに七基が稼働する過密状態にある。

この過密状況については、二〇〇一年の九・一一テロ直後、じつは米国エネルギー省のなかで、非公式に指摘する声があった。

「日本の原発はテロ対策がほとんどと言っていいほど為されていない。内陸ではなくて海に近いだけに、海岸線からのアプローチで簡単に狙われてしまうのに、そうした国際テロへの警戒感がまったくと言っていいほどないのは異常だ。日本ほどテロの影響が出やすい国もないだろう。一カ所か二カ所を同時にやるだけで、首都圏の機能はすぐに麻痺するんだから」

こう話した米国エネルギー省の関係者は、決して津波のような自然災害を想定していたわけではなかった。だがしかし、結果としてこうした見方の正しさが今回の事故で証明されたことになる。

今回、福島第一原発の四つの原子炉が被災したことで、首都圏の鉄道など輸送インフラまでもが混乱した現状をみれば、このエネルギー供給体制の一極集中ともいうべき状況下で「エネルギーの安定供給」という、電力業界が長年にわたって掲げ続けてきたお題目がじつに脆いものだったということは、間違いなくいえる。

原発の危険性以前に、もはや新たな用地取得が不可能に近い現状で、首都機能の生活インフラを一極集中で支えることの危険性について、「わかってはいても、どうしようもない」(経産省官僚)ものとして、経産省、そして東京電力をはじめとする電力各社は受けとめてきたのだ。

ひとつの供給インフラが断たれると、都市機能が広域かつ大規模に麻痺するシステムがはたして完成度の高いものと呼びうるのかどうかは判断を待たない。

新潟県柏崎市内に車で近づけば、その異様な光景は否が応でも目に入る。

巨大な送電塔が、頭上から左右からぐんぐんと迫り、あたかも扇の要から張り出された筋のように、ひとつの場所に集まっていくのだ。東日本各地へと送られる電力がいかにその一カ所に依存しているのか、これほどわかりやすい光景はないだろう。

その送電塔の先にあるのが、東京電力・柏崎刈羽原発だ。

第五福竜丸の記憶

東京・新木場に、忘れられた場所がある。

いや、東京都が主張するように、そこに本当に年間一二万人もの人々が訪れるというのであれば、そこは「忘れられた」という表現からはほど遠い場所だが、しかし、私が訪れているあいだでさえ、ひっそりと静まり返ったそこに、靴音が響くことはなかった。

売店脇の受付とされる場所にさえ人は常駐しておらず、一周するのに五分とかからない小さな館内にもかかわらず、人影を探すのにずいぶんと苦労した。

福島第一原発が相次ぐ水素爆発を引き起こすさまを映し出すCNNの映像をみながら、次に起こるであろう事態を想像した私の脳裏に浮かんだのは、「その場所」に眠る小さな船のことだった。

第五福竜丸と呼ばれたその木造の船が、太平洋上、ビキニ環礁で被爆したのは一九五四年三月のことだった。

たんなる偶然というべきだろうが、その年のその月はまさに、戦後日本で初めて原子力開発のために予算（二億三五〇〇万円）が付いた、日本の原発開発元年ともいうべき時だった。

当時、冷戦の真っただ中にあった米ソ両国は核兵器の開発競争に明け暮れ、頻繁に核実験を繰り返していた。その最中、水爆の実験場となっていたビキニ環礁近くで操業していた静岡県焼津港を母港とする第五福竜丸が、その水爆実験によって被爆する。

いかに太平洋上とはいえ、第五福竜丸の被爆が発覚するや、日本全土はパニックに陥った。各地の新聞のトップ記事には、その場所場所で放射性物質を含んだ雨が降り、放射能が検出されていることが報じられている。一九五四年といえば、広島、長崎への原爆投下の記憶がなお列島に生々しく残っている時期である。この放射能の雨によって日本人の不安は極度に高まった。

その後、この第五福竜丸は東京都が引き取り、都が運営する記念館の屋内に展示され、今日に至っている。だがいまや、その船は忘れられつつあるものといっても過言ではなかった。

記念館の玄関に立つと、水辺の向こうに、完成時の高さで地上六三四メートルを謳う東京スカイツリーがすでにその威容を誇っている。第五福竜丸の被爆から五七年――。日本の住民が被曝の恐怖に晒されたのは、じつに五七年前にまでさかのぼるのだった。

その第五福竜丸が被爆する直前の一九五三年一二月に、アイゼンハワー米大統領は国連総会で原子力を平和利用するための国際機関の設置と、核分裂物質の国際プールを提案する演説を行なっている。

その結果できたのが、国際原子力機関（IAEA）である。

核兵器の開発を進める一方で、原子力の平和利用を訴えるその姿は矛盾に満ちたものだが、じつはこの二つの要素は原子力の戦略性という点で、分かちがたく結びついたものである。

「結局、今日まで、原発の管理は、国際社会のなかではウランという戦略資源の管理をめぐる問題と切り離されたことはない。ウランはつねに東西の核戦略のなかで扱われてきたから、国際市場での経済原理が通用しない商品だった。日本もそれはわかったうえで原発をスタートさせたわけだけれども、それはやはり、アメリカという存在がすべて」（経産省OB）なのだ。

そもそも、原発の燃料棒に使われている高濃度濃縮ウランの技術は、核兵器を開発した米国の独占技術であった。

核兵器の優劣を左右するのが、このウランの濃縮技術であるとされ、原爆には、じつにこの濃縮密度を九九・九九九パーセントというレベルにまで純度を高めたものが利用されていた。

日本では原発開発の当初、当然のことながらこのウラン濃縮技術のほぼすべてを米国に負うこととなった。

「日本がエネルギー自給自足の夢を託した原子力でも、ウランという枯渇資源をめぐって石油と同じ状況ができていたわけだ。通産省はね、オイルショックと同じように、そこでも敗北していたんですよ」（経産省元局長）

若き中曽根康弘の原子力ビジョン

米国の支援のもと、原発の国産技術化のための研究は着実に進められ、一九五九年には理化学研究所がウラン濃縮技術の一端を開発した。そして、一九六九年に東海村の動燃事業団が、日本初の濃縮ウランの生成に成功する。

日本の原発新設がひとつのピークを迎える一九八〇年代前半に総理を務めた中曽根康弘が、日本がウラン濃縮技術を確立しようと努力していた一九六〇年当時、現職の科学技術庁長官として、原子力の可能性について語ったことがあった。

原子力研究のための国策機関として設立された日本原子力研究所の機関紙『原研新聞』

紙上で、原研理事の西堀栄三郎との対談に応えたものだった。

《中曽根　今世界中で消費しているエネルギーは、石炭に換算して年に約1億トン、これが10年後には2億トンになるだろうといわれています。電力について言えば、私はあと10年ぐらい火力と水力の発電が主で、原子力発電がそれをカバーするような形で進むと思う。しかし、それから先は原子力が主役になりますね。それも核融合反応や直接発電を利用したものになる。原子力がエネルギーを支配するといってよいでしょう。

西堀　その頃になったら、石炭や石油は貴重品扱いになるのじゃないでしょうかね。国連のような国際的な機関が、石炭・石油を直接燃やすことを禁止するといった……。

中曽根　いや、石炭を燃やすということが経済ベースに乗らなくなりますよ。石炭を燃やすより、超小型の原子炉で自家発電したほうが安くつくことになる。

西堀　直接発電がうまくいったら、遠くの発電所から電線で引っ張ってくるなんていう必要がなくなりますね。直接発電には、今三つの方法が考えられています。つまり、①熱電子によるもの、②熱イオンによるもの、③マグネットハイドロダイナミックスの三つがそれなんですが、結局はこの三つの方法を巧みに組み合わせたものに一番可能性があるんじゃないか……。そして、間接発電（現在の核分裂による熱を蒸気に変えて発電する）も併用するような形で、原子エネルギーをとことんまで使うことになると思う。

中曽根　2年前のジュネーブ会議で、インドのバーバ博士は、核融合の平和利用は20年以内に実現されると予言しましたね。ところが世界各国とも、いずれも壁にぶつかって基礎研究に逆戻りしている。しかし、糸口さえ見つかれば実用化はワーッと進みますよ。ちょうどエベレストに登ろうというので、登山口を探しているようなものだ。丹念に偵察したものの勝ちですよ。》

中曽根は機関紙向けのリップサービスというレベルを越えて、踏み込んだ持論を展開している。その内容は、半世紀も前のものとは思えない大胆さにあふれている。今日では、饒舌な政治家であっても、ここまで具体的な構想を語るのは難しいのではないかと思われる。

《**中曽根**　国立の研究所が、いま一番惨めですね。待遇も施設も充実していない。そのあり方について根本的に考え直すときが来ていると思います。しかし、原研を作るときには、資金は国で投入するが研究は自由にやってもらおうという理想があった。研究所のモデルにしたかったわけです。もちろん理想どおりにはいっていないにしろ、今の時点では一応原研はモデルになっていると思う。大事な点は、学者が自主性を持ってほしいということです。戦前に比べれば研究も自由になってきたし蓄積もだんだん出てきた。舶来尊重といったコンプレックスを拭い去ってほしいですね。

西堀　研究者の数という点でも戦後は飛躍的に増えてきていますが、原研がいま手をつけている研究を伸ばしていくだけでも、今後更に何万人という研究者が必要となってきます。といっても、こうした研究所をうまく運営していくには、二、三千人が限度だといわれているので、第二原研、第三原研という話も出るのですが……。将来の発展の方向としては、いかがでしょう。

中曽根　この前国会で、原研法の一部改正（理事の増員）の際に「原研の規模としてどの程度のものを想定しているか」という質問がありました。僕は研究所として効率のよいのは二千人ぐらいだろうと答えたのですが、もしそれを超えるような規模になったら、いまの原研は基礎研究所にし、応用研究は第二原研に任せる。更に第三原研は技術者の養成などを主目的とし、東南アジアから留学生を迎え入れることのできるようなもの、とまあ第三原研までは作られると見ています。

西堀　互いに連絡がいいように、例えば東海といった一地域に集まっていた方がいいわけでしょうね。

中曽根　立地条件には地元の意向が大きな要素となりますから……。しかし、今の水戸射爆場は返してもらって使いたいですね。

（中略）

中曽根　いま原研で持っている程度の道具は、やがて東芝や日立など民間のメーカーでも持つようになるでしょう。原研が、次の段階として考えなければならないのは、材料試験炉と、それに関連する施設でしょうね。そのほかにも医学用原子炉とか、原子力船の実験設備など、道具は大きく精巧になっていかないと深く耕すことができない……。奥の奥まで研究できないと思いますよ。》

原発の運用体制と世論状況を見通しているのに加え、その研究の将来性をも見越した〝中曽根構想〟ともいうべき発言は、その後、現実のものとなっていく。やがて中曽根は永田町と霞が関では「エネルギー族」として知られるようになる。そして田中角栄亡き後は、その「ドン」として君臨するのだった。

中曽根は日本の原子力研究の旗艦研究所であった原研を徹頭徹尾、激励して対談を締めくくっている。

《**中曽根**　僕は原子力に関係するようになったことを、大変な名誉であり幸福なことだと思っているのですよ。現代の文明を推進していくのは科学ですから、科学に対する深い理解を有するということが、これからの政治家の最大要件だと思うのです。これは政治家に限らず、画家でも作家でも同じことが言えるので、その意味で石原慎太郎君なんか、立派ですね。この間原研を見てきたら『文学界』に『日本零年』という小説を連載し始めた。その中に、僕も出てきている。先日、宮城まり子さんと、ある座談会で一緒になったのですが、宮城さんは雑誌の社会探訪で原研へ行ったことがあるのだそうですね。それで原研の話が出て、彼女はそのときの感動を、こう言ってましたよ。「原研の科学者は土のインテリだ」って。彼女の言うのには「象牙の塔に閉じこもっているのが科学者だと思っていた。ところが原研では純粋科学を研究する人が、ブルドーザーと一緒になって自分たちの研究施設を作っている。私は、それを見てとても感動した。彼らは土のインテリだ。」僕は、宮城さんらしい表現だと思いました。こういうように、原研は国民のまじめな層から大きな期待を寄せられているのです。

（中略）

中曽根　僕らは補給部隊としてバックアップします。だから、パイロットの方もしっかりやっていただきたいと思いますね。》

（以上、『原研新聞』昭和三五年六月一四日号）

原研は原発の燃料である濃縮ウランの国産化研究を進めていた。この濃縮技術こそが燃料生成の鍵となるものだったが、これをいかに効率よく濃縮するかに、各国は密やかな国際競争を繰り広げ、それは現在でも、イランや北朝鮮といった〝核開発途上国〟を中心に継続している。

原研が初めて、燃料実用化に必要な九〇パーセント以上の高濃度ウランを利用した燃料試験に成功したのは、この中曽根の「バックアップ」発言から二年後の一九六二年だった。そこから燃料としての完成度を高め、国産燃料の試作試験にほぼメドがついたのが一九六六年である。

日本でもっとも古い時期の原子炉となる、福井・敦賀原発一号炉と福島第一原発一号炉が着工されたのが一九六六年であるから、その研究成果がどれほど急ピッチで実用化に結びついていたかがうかがえる。

米国でピューリッツアー賞をはじめとする数々の出版賞を獲得したリチャード・ローズの大著『原子爆弾の誕生』には、第二次世界大戦中、理化学研究所で仁科芳雄を筆頭にして、当時の第一線の知性がいかにウラン濃縮の研究を進めていたかが生き生きと描写されている。

原研、そして日本は戦前からの研究をベースにして、原子力エネルギーの実用化へとのめり込んでいたのであった。

中曽根はその後、一九七二年の第一次、第二次田中角栄内閣で通産大臣を務める。通産省が原子力行政を全面的に所掌する資源エネルギー庁の設置を念頭に置きはじめた時期であることに重ねれば、中曽根のこの科技庁長官時代の発言は、じつに示唆に富む。原子力がエネルギーを支配すると喝破したそのとき、中曽根は四二歳と政治家として勢いに乗った時期だった。

「掌中の珠」としての原発

総理府(現・内閣府)の原子力委員会が「ウラン濃縮研究会」を発足させたのは一九六九年のことであった。

原子力委員会もまた、原子力運用の方向性といった机上の議論だけでなく、ウラン濃縮という実用課題に積極的に参加する姿勢を示していたのだが、これも資源エネルギー庁設置以降は、完全に通産省にその現場を掌握されることとなった。

「産業界との現実のパイプは総理府にはないし、つくるのは無理」(経産省官僚)なのは、この時代も同様だった。「エネルギーのすべてを支配する」と期待された原子力の現場を、通産省は根こそぎ押さえていくことになったのだ。

それは、科学技術庁にたいしても同様だった。研究開発の振興は本来、総理府の外庁であった科学技術庁がその主たる所轄官庁であるべきだったが、通産省は、科学の応用・実用化・産業化という出口を論理〝接続〟することで、研究開発という〝川上〟にも関与を深めていったのだった。

資源エネルギー庁の設立に次いで創設された新エネルギー総合開発機構の研究補助金が、その研究開発を推進することになった。

エネルギーをめぐる国際的な舞台では敗北を喫した通産省も、他省庁との所掌競争という国内での争いでは勝利を収めつつあった。

一九七〇年代の日本では、従来の重厚長大型の産業領野に加えて、新たにエネルギーなどの新規産業領野が勃興し、霞が関に所掌の開拓・再編期をもたらしたのだ。

ひとつの産業、ひとつの製品をめぐって、いくつもの省庁が細分化された所掌法令をつくり、多くの監督官庁が同一分野に相乗りするという、今日につながる「縦割り行政」の素地ができあがっていく。

そのようななかで、「原発産業が例外的なのは、その研究開発から技術供用化と、そして個人への還元までの過程を通産省がほぼ一手に独占したこと」（経産省ＯＢ）にあった。

通産省は原発技術の導入と開発を、まさに「種」の段階から国策補助金によって育成してきた。そしてその技術が実用化された後は、省エネの高断熱・高気密住宅、そして情報技術と融合させたＩＴ活用の住宅へというふうに、電力のある生活を多面的に享受する国民の消費スタイルに至るまで、〝所掌〟してみせた。

だが、独占と寡占が、必ずしも効率と利便向上に結びつかないのは、世の通例である。原発産業を後押ししながら、その安全規制までをも組織内に取り込んだ通産省・経産省による所掌独占という事態は、福島第一原発の危機的状況によって、ようやく見直されることとなった。

福島第一原発の危機的状況がなお収まりをみせない二〇一一年四月六日、『毎日新聞』は、原子力安全・保安院を経産省から完全に切り離す方向で政府が検討に入ったと報じた。

だが、それを聞いた経産省のまだ若い役人はこう声を潜めた。

「あそこは技官の本丸だから。技官は研究者で、研究者というのは徒弟制度だからね。研究者が研究者の安全を監視するのはなかなかできるものじゃないよ。仲間意識が強いからね。誰々先生の弟子筋だ、孫弟子だって、死んだ人間まで持ち出して弟子筋だって、それぱっかりだから」

いささか自嘲気味ともとれるそんな言葉に、私は愛想笑いさえ返せなかった。

第3章

「環境覇権」という伏線

ロンドン条約をめぐる迷走

福島第一原発が施設内に溜まった低レベルの放射能を含んだ大量の汚染水を太平洋に流したとき、韓国など近隣諸国から「ロンドン条約違反」が指摘された。

放射性廃棄物の海洋投棄については、「『廃棄物その他の物の投棄による海洋汚染の防止に関する条約』（ロンドン条約）を踏まえ、原子炉等規制法等により、海洋投棄は原則として、行えない」（『二〇〇九年版 原子力安全白書』）のが原則だ。

近隣各国の指摘は当然だった。

だが、日本はこのロンドン条約をめぐっては、以前から波乱含みだった。

一〇年前――。

英国・ロンドン、テムズ河からほど近い場所をめざして、私は金融街、シティのそばのホテルから、イギリス独特の古典的な装いの黒いタクシーに乗り込んだ。

ヒースロー空港に降りたときに、低く広がっていた灰色の空からは、案の定、細い雨が降りはじめていた。

すでに夕方五時をまわり、訪問相手の勤務時間は過ぎていたが、日本から面会を打診したとき、夜のほうがゆっくり話せるからと、相手はそう言って、むしろ勤務時間が過ぎた時間を指定していた。

国際海事機関（ＩＭＯ）の本部に到着し、その相手の携帯電話を鳴らすと、すぐに秘書が玄関まで降りてきた。

日本の官庁の局長室よりも若干小さいぐらいだろうか、部屋に通されると、日本との交渉の責任者であるＩＭＯの局長は待ちかねたとばかりに、いきなりこう告げた。

「で、いったい日本はどうなっているのだ。さっぱりわからない。外務省はまったく機能しないのか。日本は議定書（プロトコル）に批准する気があるのかないのか、さっぱり具体的な応答がないんだよ」

日本では、一九九七年に気候変動枠組条約・京都議定書が締結されてから、二酸化炭素排出削減の問題がようやく、世間の認識を獲得しつつあった。

地球温暖化そのものはすでに一九九〇年代から官庁だけでなく一部有識者のあいだでも議論されはじめてはいたが、そのために国を挙げて具体的な対応を促すという施策化の機は熟していなかった。

オイルショックからはすでに二〇年以上が経過し、通産省においても省エネ対策は主流派幹部のなかでは、マイナー施策扱いされる雰囲気さえ漂っていた。

「二〇〇〇年ごろまでは、企業のあいだで省エネといえば、社会貢献ではなくて、製造原価に寄与するかどうかというコストの話でしかなかった」（経産省ＯＢ）のだ。

京都議定書によって定められた二酸化炭素の削減目標を、産業界を含めてどう達成するかという議論が熱を帯びはじめていたそのころ、じつはほとんどメディアでも取り上げられることのない、もうひとつの国際条約をめぐり、ＩＭＯと日本の霞が関とのあいだでは深刻な膠着状態が続いていたのだった。

時の総理は、小渕恵三だった。

ＩＭＯが業を煮やしていたのも無理はなかった。

ＥＵの政治統合のメドがつきかけていたその時期、ＩＭＯ自体もＥＵ域内諸国の意向を反映するように、地球全体の海洋環境の整備に向けて早急に具体策を打ち出すことを迫られていたのだ。

担当者が口にしたプロトコルは、この海洋環境を守るために、汚濁物質の海洋投棄を全面的に禁止するというものだった。

ＩＭＯはプロトコルの批准をめぐり、日本の外務省を窓口に交渉を続けていたのだが、しかしそれが一向に進捗しないことにいら立ちをみせていた。そのＩＭＯの担当責任者の疑問は無理もなかった。

「日本は技術的にはすでに海洋投棄をしなくても国内処理できる水準にある。むしろ、その技術をアジアの開発途上国に供与して、率先して対応すべき立場だろう。まだ処理技術にも乏しくて、処理施設の国内整備が難しい国が批准にためらって反対しているのならばまだしも、日本がなぜこの条約に批准できないのか。外務省は、役所の合意が形成できない、まだ時間がかかると言うだけで、その背景をまったく説明できないじゃないか」

日本では焼酎を製造する過程で出る搾りカスに加えて、屎尿《しにょう》も船で沖合に運び、海上で廃棄していた。ロンドン条約議定書に批准すれば、こうした海洋投棄が不可能になる。

屎尿を海洋投棄している現実を知る国民も少なかったが、その当時、四七都道府県のうち、じつに三七都道府県がそれを行なっていたのだ。さらに、海に面していない内陸の県でも、臨海の県の業者にそれを委託していた。

ＩＭＯのいら立ちは理解できた。地上処理する能力がある日本で、いったいなぜ海洋投棄が根絶できないのか、と。すでにゴミの高度焼却施設も、下水処理施設も運用されているのに、なぜか、と。

「ガチガチで、どうにもなりませんよ」

私は、飛行機のなかで書きつけた手書きのチャートを局長の眼の前に置き、説明を始めた。少しでもわかりやすくするために、日本語の単語を示してから、その言葉の持つ政治的な意味を噛み砕いて説明した。

そのどれもが、局長には初めての日本語のようだった。日本の外務省の人間からもそんな話は聞いたことがないと、そのチャートを眺めながら、ペンを手に、身を乗り出す姿に、むしろこちらが驚かされた。

とりわけ理解に苦しむという、処理技術の先進国でもある日本が屎尿をなお海上投棄しつづけている、その背景の説明から始めた。

下水処理については、日本にも二つのシステムがある。

ひとつは上水道と同様に、大きな管を道路下に埋設して、個別の家庭の便器につないでいく下水道で、もうひとつは各家庭に小さな下水処理施設（浄化槽）を設置するものだ。

東京を含め都市部では下水道の運用率がすでにほぼ一〇〇パーセントに達しているが、山間地などの地方では現在でも、この浄化槽が下水処理の主力を担っている。

この二つの処理方法は、それぞれ所管する官庁が異なっていたのだ。

下水道を所管するのは当時の建設省で、工業製品に位置づけられる浄化槽は通産省である。むろん、下水道処理施設でも、そのプラントで使用される処理機械については通産省が所管するが、この二つの処理方式は、そのプロセスをめぐっても、さらにいくつかの省庁をまたぎ、入り組んだ構造になっている。

「とりわけそれは、浄化槽において顕著なんです。工業製品である浄化槽は、製品としては通産省の所管ですが、下水処理施設としての型式を認定するのは建設省で、さらに浄化槽で処理されて放出される排水を所管するのは厚生省ということになっています。入口、出口、そして全体で、三つの官庁が許認可を奪い合うという構図です。

さらに、それぞれの役所がその所掌の根拠となる法律を持っています。自省に有利な法律をときに議員立法し、国会を通過させるためには、それぞれの役所の施策推進に積極的な議員たちが必要になります。そうした役所の利害を代弁する議員を族議員といい、彼らは往々にして議員連盟を形成して、それぞれの産業分野に根をおろしています。

むろんそれは、その当該産業界から陰に陽に支援をもらうということがひとつの狙いでもあるのですが、この議員連盟という政治的中間団体を支えているのは産業界だけではなく、自省の施策遂行を有利にしたいと考えるそれぞれの省庁でもあるわけです。つまり、族議員・議員連盟というのは、官庁と産業界、双方に支えられて成立している存在、ベクトルの釣りあったところにある存在です」

そこで私の言葉は遮られた。

「ベクトルの釣りあったところというのはどういう意味なんだ？　当然、立法者である国会議員のほうが官庁よりも上位にあるんだろう」

もっともな疑問だった。

「いいえ、決してそうは言いきれないところに問題があるんです。官庁それぞれには族議員がいて、器用な族議員の場合はいくつかの官庁に浅く広く根を張っていることもあります。産業界との結びつきを求める国会議員は、官庁の官僚に、その顔つなぎを頼む場合もあります。役所の所掌分野と施策に理解を示すことで、彼らが抱えるいくつもの業界団体の会合やパーティーを紹介してもらうといったメリットがあるのです。日本では夏場と年末に贈答する習慣がありますが、この時期に、それぞれの官庁の課長級以上のところには、こうした議員からギフトが送られてくることさえあります」

局長は手元のチャートに書き込みを加えながら、なるほどというふうにうなずいている。

私は説明を続けた。

こうした例は浄化槽だけではなく、あらゆる産業分野に及んでいること、そして今回、ロンドン条約議定書への批准が遅れている背景には、汚水処理をめぐる建設省、厚生省、通産省の三省の利害を、外務省が調整できずにいるところに最大の原因があるのだ、と。

実際、外務省の条約担当者でさえ、日本ではこんなことをぼやいてみせたことがあった。

「ガチガチで、どうにもなりませんよ」

下水道については、強大な力を持つ下水道議員連盟があり、一方の浄化槽議員連盟もまた当時、強力な布陣だった。

時の総理、小渕恵三こそがその浄化槽議員連盟の会長でもあると教えると、IMOの局長は口元を動かして、知らなかったとアピールした。

下水管が家庭に接続されると、当然ながら浄化槽は不要となるため、戦後の日本では、この下水道と浄化槽それぞれの利害関係者が、一般国民という顧客を奪い合って、しのぎを削ってきた。下水道の敷設にたいしては、道路工事の業者に加えて本管などの大型の管やプラントの業者が市場開拓をもくろみ支援している一方で、浄化槽にも大中小のメーカーが入り交じり設置推進をめざしていた。

下水道とは異なり、浄化槽は年に数回、その残滓の汲み取り作業が必要になる。下水管が接続されてしまえば、それまで仕事を請け負ってきた汲み取り業界などは完全に干上がった状態になってしまうのだ。

こうした基盤を守ろうとする浄化槽議員連盟と下水道議員連盟との力関係は拮抗し、そこに複数の役所が関与して均衡状態ができあがっていた。船舶による海洋投棄は、じつにこの浄化槽と下水道双方の勢力にとって共通の、いわば〝排出口〟であったため、現場の状況に関与できない外務省が、そこで調整を図るのは至難のわざなのだ。

ＩＭＯの局長は、あきれたという表情をみせるでもなく、しきりにうなずいていた。ようやく、窓口の外務省が批准にはなお時間がかかりそうだとの一点張りで、しかし具体的な理由が提示できないわけを理解できたようだった。

その後、二〇〇七年になって、日本はようやくロンドン条約議定書に批准したが、そのときも、廃棄される海洋投棄船の補償や人員の転業補償をめぐって壮絶な死闘ともいうべき状況が勃発した。各自治体は、億単位の補償金の支払いを、その額の大きさが目立たぬように、小さな名目に振り分けて紛れ込ませ、さらに支出を数年にわたって処理するなど、苦心惨憺することになる。

「環境」という武器

ロンドン条約議定書の批准をめぐって先鋭的にあらわれた状況は、戦後日本の省庁間の所掌分割のすさまじさと、その結果、霞が関が国際社会の動きに対応する機動力を欠いていることを図らずも示すことになった。

そして、このときも、汚水処理の分野でさえプレゼンスを示すことのできる通産省は、その〝組織応用力〟の高さを再びはっきりと示したのだ。

その当時、通産省で浄化槽を所管していたのは生活産業局であり、局長の村田成二はその後、官房長を経て、通産省〝最後の〟事務次官に就任する。

橋本行革にともなう省庁再編時に、通産次官であったのが村田である。この省庁再編で、通産省はその名称を「経済産業省」へと変えることになったが、省の名称を「通商」から、さらに幅広く所掌の範囲を拡げることが可能な「経済」へと変更させることに成功したのが村田だった。

「とにかく名称は大事なんだ。それで関与できるかできないかが決まってしまうから」（通産省OB）。そんな省益哲学をみごとに具現化してみせた村田の評価は、経産省内部では低くない。

その村田は二〇一一年四月現在、原子力にも関与するNEDO（新エネルギー・産業技術総合開発機構）の理事長に天下っている。

「天下りのランクはそのまま、役所時代の序列を反映している」（経産省プロパー）と言われる。次官経験者の村田が理事長に収まっていることからも、NEDOがいまこの瞬間、経済産業省にとってどれほどの意味を持つ組織かがうかがえる。

村田の最大の功績はしかし、生活産業局長時代に打ち出した施策にもあると言われている。いわゆる「トップランナー方式」がそれである。規制によって、技術や安全の最低水準を業界に〝求める〟のではなく、もっとも進んで革新的なトップランナーの技術を奨励していこうというものだ。

この「トップランナー方式」は一九九九年の省エネ法改正によって省エネルギー推進の基本方針に据えられるに至ったが、じつはそれに先駆け、九六年には、試験的に打ち出されていた。村田は腹心の部下を局長室に呼ぶと、こう告げた。

「これからは業界保護では世論が許さない。流れが変わった。通産省はこの流れの先頭に立ってやる。業界保護ではなく、消費者保護の時代に入った」

そんな消費者保護時代を支える新しい技術思想を村田は求めたのだ。

高度経済成長期を経て、通産省は規制行政からの脱却を図ってはきたが、それを通産省のスタンスとして明確に打ち出したのが、トップランナー方式だった。

「わがほうが規制を設けると、産業界はどうしてもそれを仰ぎみて『そこまで』というかたちで合わせようとしてくる。そうすると、先進的な、あるいは革新的な技術開発がむしろ阻害されることもありますよね。トップランナーは、むしろ、その時代とその分野でもっとも進んだ技術と製品を役所が『追いかけていく』と言ったら上から怒られちゃうかもしれないけど、それを推奨していくというか、役所としても容認していくという、そんな感じですから、画期的だと思いますよ」(当時の工業技術院の若手官僚)

トップランナー方式では、めまぐるしく変化する時代状況に施策対応が追いつかない場面を想定しており、通産省が産業界を「牽引」する時代から、後ろから「後押し」していく段階に入ったことを象徴的に示していた。

そして、そのトップランナー方式を採用した背景には、気候変動条約やロンドン条約など、欧米から暴風のごとく吹き込んでくる、地球規模での環境保護の枠組みに対応しなければならないという国際状況もあった。

だが、生活産業局時代の村田の懐刀とも噂されていたある通産官僚は、ロンドン条約議定書を含め、欧米の「環境保護」政策について、職員がほとんど去った課内のソファで、冷蔵庫から取り出したビールを飲みながら、冗談交じりにこうぼやいたことがあった。

「こんなもの、まるで覇権だな。環境に名を借りて連中の基準を押しつけてくる、環境覇権だよ。連中は規制強化、規制強化で、それはすべて環境対策だと言ってくるが、結局、それでも、連中のその環境対策を日本やアジアに押しつけているわけだよ。EUの規制なんかもみんなそうだろう。工業製品を不燃化するのどうのって、それで日本は不燃化するための素材原料を調達するのに、また苦労するわけだよ。最後はコストにも跳ね返ってくるんだからな」

この官僚は、環境保護を錦の御旗にして欧米が規制強化を世界的に拡大するさまを、「環境覇権」と表現してみせたが、それは決して的外れではなかった。

ＩＭＯの局長に訊ねたことがあった。

海洋投棄には学者のあいだでも、たとえば屎尿にしても、魚類などの栄養になっているという研究結果も一方ではありますが、海洋投棄が禁止だという流れはそもそもどういう背景から——。

「とてもシンプルだよ」と局長は答えた。

「ベーリング海をみてもよくわかるけど、ヨーロッパ域内の海というのは太平洋と違って、水深は何千メートルもない浅い海なんだ。浅い海だから、海洋環境は汚染の影響をすぐに受けてしまうんだ。だから、海洋投棄を禁止する機運が高まったわけだ」

その環境基準には、たしかに地域差は顧慮されてはいないのだ。環境先進国のやり方を、全世界に押しつけていると受けとめられても、しかたがない。

そんな「環境覇権」の潮流を利用して、二酸化炭素を出さないクリーンエネルギーとして原子力発電を推奨してきたのが、ほかならない通産省だった。海外からの圧力をたくみに論理転換し、自省に都合のいい政策へと昇華させる力量もまた、通産官僚たちには必要なのだ。

《融通のきかない局長は、省務上の前例を重視するが、通産省自体は、創造性のあるアイデアやリスクをはらんだ方法を受けいれるだけの、かなり広い視野に立って物事に対処している。同省はこれまでも、慣例や前例より政策の究極的な目的のほうを第一に考えてきた。時には、大胆な手段に訴えて、同省全体を〝防衛〟しなければならないこともある。もしその冒険的な処置がうまくいけば、担当局長がその光栄に浴し、昇進するのだ。〝知的柔軟性〟――変わる状況に合わせ、カメレオンのように自由自在に考えを変える能力――は、通産官僚の間で高く評価される。経済理論だけに拘泥する〝エコノミスト〟と見なされた官僚が局長どまりでそれ以上昇進しない理由の一つは、ここにある。》

（カレル・ヴァン・ウォルフレン『日本／権力構造の謎』）

予算分捕り合戦の変化

「構造不況のなかで予算の使い方が決定的に変わった。新エネルギー政策ももろにその波を被ることになったんですよ」

経産省内部で、そう教える者がいた。

一般会計予算におけるエネルギー関連予算の推移を一〇年単位でみてみる。

オイルショック以前、一九六五年には項目に計上さえされていなかったエネルギー対策費は、オイルショック直後の七五年に初めて八八四億円が計上される。それから一〇年後の八五年には六二八八億円にまで膨らむ。

そして、一九九〇年には五四七五億円と微減し、二〇〇〇年以降は再び、八五年の水準を超える伸びをみせてくる。

バブル経済の起点とされる一九八五年の一般会計予算の規模は五二兆四九九六億円なので、それに占めるエネルギー対策予算は、一・二パーセントになる計算だ。

一九七五年から八五年の一〇年間での、一般会計予算に占める増加ポイントは〇・八ポイントで、これは一見、小さいように思えるが、しかし、七五年と比べると、社会保障や、科学振興、地方財政、防衛、公共事業、中小企業対策などが軒並みポイント減となっているのに照らせば、優遇されているのがわかる。

食料管理費にいたっては、その一〇年で、じつにマイナス四・四ポイントと一般会計予算のなかでも最大幅のポイント減となった。

オイルショックの衝撃をテコにした通産省のエネルギー政策が、国策として優遇されてきたのは明白だった。その後、このエネルギー対策費は、二〇〇〇年に至るまで占有率一パーセントを超えることはなかったが、他の予算と比べれば優遇されているのはたしかだった。

一九九〇年初頭にバブル経済が崩壊し、日本はそれから「失われた一〇年」とも「二〇年」とも言われる、長い構造不況の時代に突入する。

経済の実質成長率は一九八八年の六パーセント、そして九〇年の五・五パーセントをほぼピークに、バブル崩壊後の九一年には、一気に二・九パーセントまで落ち込み、九二年から九四年まではじつに一パーセントを割る状態が続き、九五年になっても二・八パーセント、翌九六年は三・二パーセントと低水準が続く。

そして、一九九七年にはついに〇・一パーセントのマイナス成長となる。日本経済のマイナス成長は、やはりオイルショックの影響によってマイナス〇・五パーセントを記録した一九七四年以来のことだった（オイルショック「前」に平均九・三パーセントだった日本の成長率は、「後」には三・六パーセントと、先進国中、最大の落ち込みをみせた）。二〇年ぶりの衝撃に、日本経済は心理的にも落ち込んでいく。

この間に、農水省や建設省など、巨大な産業基盤を抱える省庁は予算獲得にも、そして新政策を打ち出すことにも苦しんでいた。結果、関連予算は低水準に留められるか、あるいは大幅にカットされていった。

そして、九〇年代後半から二〇〇〇年に差しかかるころには、霞が関の各官庁で、予算獲得をめぐる〝戦意喪失状態〟が露骨にみられるようになった。年末の恒例行事だった「復活折衝」がほとんど形骸化し、やがて皆無になっていったのだ。

経験した者にしかその高揚感はわかりようもないのだが、年間を通じて、霞が関の官庁街で最大の祭りがあるとすれば、それは、この復活折衝をおいてほかにはなかった。

三月末までの年度内に次年度の予算案が国会で成立すると、役所は新年度の開始とともに、すぐにその翌年の予算獲得に向けた準備を始める。

継続している施策にたいする予算の確保に加えて、新規施策を打ち出すことで初めての予算付けを狙うものもある。

各省庁は時の政権・大臣の意向を反映させたスローガンを掲げるとともに、そこにさりげなく自分たちの欲する施策も盛り込んでいくのだ。いや、むしろ〝絡めていく〟という表現がふさわしいかもしれない。

八月末の概算要求の〝締め切り〟までがひとつの山場となり、その後、世間がクリスマスムードで沸きたっているころ、大蔵省から予算内示がある。そこで、大蔵省から予算付けされなかった施策や、予算付けはされたものの要求分よりも減額提示されたものなどについて、各省庁はまさに〝復活〟をかけた交渉を行なうのだ。

事務方の折衝では大蔵省が動かないとなれば、その後は大臣を担ぎ出しての「大臣折衝」にまでもつれ込むことになる。

こうした作業を繰り返しながら、クリスマスは徹夜続きで終わるというのが、ある時期までの霞が関のお決まりの行事であった。

こうした復活折衝は霞が関だけの祭りではなく、永田町にとっても祭りであった。大臣折衝が真剣さを増すのは、この復活折衝で予算を獲得することこそが、選挙地盤への最大の手土産にもなるからである。

とはいえ、この復活折衝が大蔵省との〝真の闘い〟であることはほとんどない。

各省庁は事前に、表裏の「情報収集で、大蔵省のニュアンスをかぎとり、ちょっとこのあたりは危ないなとか、わかっていないとダメ。内示を受けて驚くようじゃ話にならない」(現役官僚)のだ。

復活折衝は、官僚側にとっても、最後の最後まで粘って補助金をとった、補助金を増額したと所管業界にアピールして〝恩を売る〟最大の機会であるのだ。

復活折衝で復活させられそうな案件をあらかじめ絞り込み、そして、クリスマス期間中のその〝儀式〟を通過させることで、各省庁そして与党政治家は、その存在意義をアピールしてみせることができた。

だが一九九〇年代に入って、その祭りに変化が生じてきた。

課長たちが局長室への出入りのために廊下を頻繁に行き来するという光景がなくなり、ただ省内待機というノルマを全うするためにいたしかたなくといった雰囲気で、窓際の机に飄々《ひょうひょう》とした表情で座っている様子が見受けられるようになったのだ。

二〇〇〇年代に入ると、さらにそれは露骨になった。

経産省であれば、こんな具合だった。

課長たちは財務省とは反対側の、通りひとつを挟んで隣接する飯野ビルあたりへ夕食に出るようになり、そこでゆっくりと内示まで時間をつぶし、課長呼び出しがあるとの連絡を受けると、横断歩道を渡って省内へと戻るのだった。

携帯電話の普及がもたらした、ひとつの変化でもあった。どこにいても連絡がつくので、居場所は関係なくなりつつあった。

このころになると、猛勉家揃いと言われる経産官僚たちも、ずいぶんと世代交代が進んでいた。予算内示のある晩、時間を持てあました私が、コーヒーでもと考えて入った喫茶店で、顔見知りの課長をみかけたことがあった。

だが、その課長の状態をみるや、声をかけるのはためらわれた。

その課長がこちらの姿にも気づかないほど熱心に見入っていた、その手にあったのは、つねづね彼らの机の上に山と積まれているゼロックスで印刷された書類ではなく、『少年ジャンプ』だった。彼はすでに五〇歳近かったのだが……。

チャーマーズ・ジョンソンが『通産省と日本の奇跡』で描いたころから三〇年、人も時代もすっかり変わったのだと悟らせる光景だった。麻布高校から東大法学部を経て入省し、予算内示の晩に本省脇の喫茶店で『少年ジャンプ』をむさぼり読む経産官僚の姿に、複雑な思いを抱かされた。

だが、そんな光景さえも、ほどなくみかけなくなる。復活折衝自体が行なわれない年が多くなりはじめたのだ。それは、予算を融通しきれないほどに財政が逼迫してきていることの何よりの証左でもあった。

私が出入りしていた当時、役所の廊下には、ホテルの洗濯シーツを容れるためのものにも似た、紙ゴミを集める四角く大きなキャスター付きのボックスが置かれていた。

それはたいてい、非常階段前や給湯室脇に置かれていたのだが、このなかには、ときに役所の貴重な内部資料などが無造作に放り込まれていることもあり、私はたびたび、そこから〝お宝〟を掘り出していた。

あるいは、役人から「さあて、ゴミ箱に捨てようかな」と声のかかる、意図的なリークもときにはあった。

それゆえ各階を〝廊下トンビ〟する際には、必ずそのゴミ箱をのぞいてまわるのが習いになっていたのだが、ある時期からそのなかに、『ビッグコミックスピリッツ』や『ビジネスジャンプ』など、青年向け漫画誌が頻繁に目につくようになったのを覚えている。

そんな人材の質的変化をも抱えるなかで、通産省・経産省の施策もまた変化していった。

構造不況という長いトンネルのなかで、各省とも、また大蔵省・財務省の予算内示も、明らかに保守性を増した。それはむろん、政権の政策的意向を強く反映した結果でもあった。

そのなかで、経産省も「新規産業の創出から、基盤改善にシフトせざるをえなくなっていった」（経産省ＯＢ）のである。そして、もっとも「新規事業から基盤改善へ」の潮流転換の影響を受けたのが、新エネルギーの実用化だった。

風力、潮力、太陽光、地熱そして石炭の液化といった最先端の研究分野にたいする予算は、喫緊の施策ではないとして、省内の優先度も低くなっていった。不況下で、新しいことをやるよりも、すでにメドがついているものが優先されるようになったのだ。

予算の付かないものに固執するほど、経産省の嗅覚は鈍くはなかった。

経産省がかつてのような新規エネルギーの創出にたいする意欲を失っていくなかで、新エネルギーの実用化のステップは足踏みを余儀なくされた。経産省という後ろ盾を失うことで、進行していた企業内のプロジェクトも後退を余儀なくされていく。

かつて通産省が独占に成功した〝エネルギー創出政策〟のメニューは、ひとつまたひとつと脱落していき、すでに実用化が進んでいた原発だけが、消去法的に残るという状況が図らずも生まれていた。

気がつけば、「原発しか」なくなっていた。太陽光発電も立派に実用化しているという見方もあるが、一般消費者への浸透・定着という点では大きな課題があった。原子力発電こそ、オイルショック以後の通産省のエネルギー政策において、唯一ともいえる成功体験となったのだ。

通産省に限らず、官庁がその成功施策を手放そうはずもなかった。

「役所はいつも、失策は忘却の彼方に、成功こそはわが掌中に……かな」

戦後日本の通産省行政について訊ねると、ある素材産業大手の社長は、こう漏らしたことがあった。

原発の「寿命」が伸び続けた理由

「三菱、日立、東芝が、アメリカから原発の技術を買ったんだ。通産省が買ったわけじゃない」

一九八〇年代、原発政策に携わった通産省ＯＢは、福島第一原発の危機的状況を前に、通産省として問題はなかったのかと問われると、こう色をなした。

その言葉は決して誤りではない。たしかに、米国技術を輸入したのは、現在も日本で原発産業の第一線に立つ企業だった。

しかし、すべては、「原発技術を国産化しようという国の意図があったからこそ」（日立の原発部門関係者）だったのも事実だ。

国策研究機関として設立された日本原子力研究所は、その戦略をこう明確に〝認識〟している。

《最初の原子力予算が「原子炉築造のための調査研究費」であったことが示すように、わが国の原子力開発はとりあえず国産の原子炉を作ろうという考えから出発したといってよい。昭和二九年六月三〇日の原子力利用準備調査会は、この予算の使用に関して「小型実験用原子炉の築造を目標に、これに関連する調査研究及び技術の確立を行う」という基本方針を定めた。その後、諸外国の状況調査の結果などから、小型の研究炉をできるだけ早く輸入して、国産炉に必要な技術者の訓練や材料試験を行おうという考え方がとられ、輸入炉が国産炉よりも先行することになった。研究炉に関するこれらの考え方は三〇年一〇月の原子力利用準備調査会で「原子力研究開発計画」として集約された。》

（『日本原子力研究所史』）

「とりあえず国産の原子炉を」という意向から着手された日本初の原子炉は、アメリカのアトミックス・インターナショナル社によって建設されたものだった。

以来、三菱重工、日立、東芝はまさに日本の原子力産業を支える旗艦企業として、原発技術の国産化に邁進《まいしん》する。

三菱重工・原子力事業本部のホームページは、そのあまりの率直さが異彩を放っている感さえある。

「原子力のページ」と銘打たれたそこでは、毎回、原子力産業の現場にたずさわる人々が登場し、担当者の写真や役職名も紹介している。紹介されているのは、三菱重工の社員にとどまらず、研究者や他企業の社員にも及ぶ。

福島第一原発の処置が〝人災〟だと強い非難を浴び、東京電力の幹部社員の住所までがネット上に流出している二〇一一年四月の段階でも、それは決して削除されることなく、ウェブ上で閲覧できる。

もちろん原子力PR用であるからだろう、そこにはその沿革から技術に至るまで、矜持に満ちた本音ともとれる言葉が並んでいる。

《三菱が原子力事業に取り組み始めたのは50年前。現在では信頼性の高い原子力発電プラントと原子燃料を供給している。世界各国で原子力発電所の新設に向けた動きが活発になっている。当社はアメリカ向けに最新鋭の日の丸原子炉（US―APWR）を投入し、アメリカでの型式証明取得をめざす。初号機の建設着工は2013年頃の予定。アメリカの原子力発電所では主要機器の取替工事の需要もあり、型式証明取得の手続きと受注活動強化のため、2006年7月にMHI原子力システムズという新会社を設立した。》

こんな前段に続いて、三菱重工の執行役員である原子力事業本部の副事業本部長が登場し、声高らかに詳細を語る。秘密主義的と言われる〝原子力村〟の住民が饒舌に語る、貴重なものだ。

《今日、日本の電力の1／3は原子力発電が供給していますが、原子力を除くと日本のエネルギー自給率はわずか4％しかありません。この自給率を高めるために、わが国では様々な努力を重ねてきました。

原子力もその一つで、三菱が原子力に取り組み始めたのは1955年ですから、約50年の歴史があります。1961年にはアメリカのウエスティングハウス社と技術契約を締結。技術者をアメリカに派遣し技術を習得しました。初の商業用原子力発電所、関西電力美浜1号機が運転を開始したのは1970年ですが、それ以来三菱は原子力発電プラントの設計・製作・建設を通じて得た経験を基に改良開発を進め、1980年代には日本独自のものに進化させました。1990年代からは標準化を進め更に安全性、信頼性の高い原子力プラントと原子燃料を供給しています。

現在、日本にある55基の原子力発電プラントのうち23基が三菱の加圧水型（PWR）原子力発電プラントで、2005年は日本の総発電電力量の17％を供給しています。》

一九五五年は、日本で原子力関連予算が初めて計上された翌年だ。まさに日本の原発政策の始まりとともに、三菱重工は原発産業に着手したのだ。

今後の世界情勢も俯瞰している。

《最近、原油価格の高騰を背景に世界各国でエネルギー安全保障の議論が高まっています。また、地球温暖化対策として二酸化炭素を排出しない原子力発電の特長も見直され、世界中で原子力発電所の新設に向けた動きが活発になってきました。

ヨーロッパでは、フィンランドで世界最新鋭の原子力発電所の建設が行われていますし、フランスも原子力発電所の新規建設計画があります。また、北海油田の産出量が少なくなってきたイギリスでも原子力発電について見直す機運が起きてきました。

アメリカでは、ブッシュ大統領は就任以来、中東の石油への依存度を下げるための各種エネルギー政策を打ち出しており、原子力発電については積極的に推進する方針を示しています。アメリカの原子力発電プラントは現在103基が運転中で電力の約20％を供給しています。

この殆どは1960年から1970年代に建設されたものですが、最近の設備利用率は90％を超える実績で、大変安いコストを実現しています。法改正で、原子力発電プラントの運転許可期間を40年から60年に延長できる制度ができたため、多くの電力会社は運転延長を申請し、既に44基が認可を取得しています。また、2005年成立した包括エネルギー法では、新規原子力発電所の建設促進のための政府によるリスク保証や発電減税なども盛り込まれました。（中略）

また、アメリカでは、新規建設の原子力発電プラントの商談ばかりではなく、プラントの運転期間延長にあわせて、信頼性の向上や性能を向上させるための主要機器（蒸気発生器や上部原子炉容器）の取替え工事も数多く見込まれています。

三菱重工は、PWR発電プラントの原子炉、原子力タービン、原子燃料などについて設計・製作から建設まで全てを自社で供給できる世界で唯一のメーカーとして、これまでも欧米各国や中国に主要機器を数多く納入しており、アメリカ市場では40％以上のシェアを獲得しています。（中略）

日本の原子力発電は、2030年以後も総発電電力量の30％から40％かそれ以上とすることが政府の目標に掲げられており、日本のモノ作り技術を維持するためにも輸出市場は拡大していかねばなりません。》

二酸化炭素排出削減やモノ作り技術の維持を旗印に掲げてはいるが、もっとも注目されるのは、原発プラントの運用期間が「40年から60年に延長できる」制度であろう。

このホームページの存在を私に教えたある企業関係者は、この現場の声には、今日の原発開発の状況に潜む危険が凝縮されてあらわれていると囁いたが、そのひとつが、この運用期間の延長だった。

現在、日本の国内法では原発プラントの寿命を定めた法律は整備されていない。

「広い意味での国の認可、もっと極端に言えば、経産省の許可さえ得られればそれはいくらでも延長できることを意味する」と、この関係者は話す。

「だいたい、原発の開発当初は、設備劣化を含めた安全面からも原子炉の寿命は三〇年、いっぱいいっぱいでも四〇年と言っていたのに、いざ四〇年が経ってみたら、まだいけますということ」

その理由はやはり、このホームページのなかにあるのだという。

「メーカーの人間が自分で疑問を出して、自分で答えているんだから面白いというか、珍しいだろう」と、自虐的とも思えることとさえ言う。

「大変安いコストって言っているけれども、これは、一般の産業界でいう減価償却が終わって、まあ初期費用を回収しているから、その分、コストがかからないだけの話で、ようは運転コストそのものが低減しているわけじゃないんですよ。むしろ、全体にかかる費用は先のみえないものになりつつあるんですよ。機械や設備じゃなくて、燃料のウランが投機対象になって、安定供給からはほど遠いから。とにかく、原発は運転期間を延長すればするほど、新規投資が要らないから、低コストにみえるだけ。それはアメリカでも日本でも、それこそ世界中変わらないでしょう」

さらに、こんな指摘もある。原子力技術者の日本最大の供給源ともなっている東大理系で博士課程を終えたある技術評論家は言う。

「日本の大型商業用原子炉は、これまで一度もと言っていいほど、本格的な廃炉を経験したことがない。この、一〇年単位で時間がかかり、三〇〇〇億円とも四〇〇〇億円とも言われる原発一基の新設コストよりも費用がかかる廃炉費用が計上されていないから原発の運用コストはみかけ上、安くみえる」

いまや炉心が爆発したロシアのチェルノブイリ原発事故に匹敵するとさえ言われはじめた福島第一原発一号機は、東日本大震災が起きた二〇一一年三月でちょうど稼働から四〇年目を迎えていた。

そのひと月前、二月には四〇年の寿命をさらに一〇年延長する許可が、原子力安全・保安院から降りた矢先だった。

「経済的なクリーンエネルギー」というレトリック

技術進歩と設備更新によって原発の〝寿命〟が延びること自体はたしかだろう。だが、その当初、長くても四〇年とされていた寿命が「六〇年」に延びていく背景には、「新設する立地がないだけじゃなくて、電力会社側の費用負担の問題がある」と指摘する原発産業内部の声があるのもたしかだ。

東京都狛江市に、電力業界最大の旗艦研究所である電力中央研究所がある。狛江市に「人口比でもっとも博士が多い街」という栄誉を与えた、日本を代表するシンクタンクでもある。

そこで副所長を務めた大澤悦治は、新規の原発新設が盛んになりはじめた一九七五年当時、こう書き残している。

《最近急速に資本係数が高まった理由としては、資本集約的な原子力発電の推進、公害防止対策や過密対策のための設備投資の増大、発電所の遠隔化に伴う輸送設備の増加などの要因に加えて、インフレーションによる名目的な投資額の増加要因をあげることができる。電気事業の場合、設備の建設期間が長く、所要投資額が増加するということも重要である。この点についても、原子力開発の推進に伴う先行投資期間の長期化と先行投資額の巨額化は、工事ベースと竣工ベースの投資額のかい離をますます拡大し、工事ベースの投資額の増幅を促進している。》

一般的に、資本係数は低いほうが経営効率がよいとされる。大澤は電力業界内部にいるという立場の問題もあって、その意味することを直截には表現していないが、原発の新設によって、電力会社の経営効率が急速に悪化していると、そう言っているのである。

さらに、こうも指摘している。

《原子力発電への重点移行に伴って——のみならずインフレーションを背景として——電気事業の経営基盤は大きな変化に直面しているが、電源立地難のみならず、それは資金問題や電気料金問題などに表現されている。環境対策や安全対策、さらにインフレの影響で、現在計画中の原子力発電所の建設費の増加傾向は著しくなり、またそのキロワットアワー当り発電費は八円を超え、初期の発電所の二倍程度となることが予想されて、新たな問題を提示している。》

〝内側〟からの指摘としては重く、そして希有なものであろう。現在の原発の置かれたコスト環境を予言したかのような次の一節には、エコノミストとしての信念さえ感じさせる。

《さらに言えば、資金の確保は、資金コストの安いものから選択されるから、それは所要資金量が増加するにつれて逓増すると考えてよい。したがって、固定資産の再生産条件を保障するために減価償却費だけで不足して、新たな資金需要が生ずることになると、取替需要を含む設備資金の需要量は不当に増大せざるを得ない。そして資金コストは騰貴する。それは、インフレで増加した原子力発電所の建設費負担にさらに累積するから、原子力発電の経済性に大きな障害をもたらすことが考えられる。》

（以上、大澤悦治『電力事業界』）

加えて、そこにはこんな矛盾も存在する。

「技術が進歩するということは、それだけ新しい費用が必要になるということだから。進歩コストとでも言うか……必ず安くなるとは限らない。技術コストが受益バランスと釣り合わないとどうなるかは、一九八〇年代の省エネ政策が失敗したのをみればわかるだろう」（資源エネルギー庁OB）。

当時よりもいっそう、周辺環境や住民にたいするさまざまなコストがかさむようになり、新設コストの総額がみえにくくなった原発は、新設インセンティブをむしろ抑制するのかもしれない。

稼働を始めた時期がそれぞれ異なるので、すべて耐用年数の問題とはいえないかもしれないが、たとえ重大事故に至らずとも、原子炉施設での細かな事故はかなりの頻度で起こっている。

たとえば、二〇〇九年一年間をみれば、日本国内の原子炉施設での事故は二一件が報告されている。つまり、月に一度は必ずどこかで何らかのトラブルや事故が起きている計算になる。

世界全体ではこの年、国際評価尺度でレベル2以上の事故は一四件が把握されている。日本での事故は尺度ゼロのものを含むため、これも単純に比較はできないが、「月に一回以上」という日本での最近の事故頻度を考えれば、不安を呼ぶのも無理はない。

だがその一方で、輸入技術としての原発は、研究者のなかからも、こう表現されるまでになっていた。

三菱重工の原子力のページには、大阪大学名誉教授が以下のような文章を寄せている。

《太陽光や風力は、大量にあるように見えますが、エネルギー密度が稀薄で、変動性が大きいため安定した電源にはなりにくく、経済性も劣っています。国家目標にしている2010年での太陽光発電482万キロワットや風力発電300万キロワットが達成されても、稼働率が低いので、実効能力は各々85万キロワット級原子力発電炉1基にも及びません。海外への輸出や将来の可能性も考慮して適所には導入すべきですが、主力の代替エネルギーにはなれません。

バイオマスは総合的な農林業政策の整合性や遺伝子工学の成果によっては期待でき

ます。いずれにせよ、新エネ技術の開発には費用もかかります。従って、電力に占める原子力の比率（日本では1／3、関西では1／2）を更に高めるのが現実的方策と言えます。》

電力中央研究所がまとめた統計をもとにした、石炭や石油との二酸化炭素排出量を比べた解説では、二〇〇五年度における排出量の削減分は「新エネが1％、水力が8％、天然ガスが10％、原子力が31％寄与しており、原子力推進が最も効果的な対策であることが分かります」と説いている。

原発はすでに「新しいエネルギー」ではなく、「基幹エネルギー」なのであり、そのうえ〝クリーン〟なのだ。

《原子力は供給安定性と経済性に優れた準国産エネルギーであり、また、発電過程においてCO_2を排出しない低炭素電源である。》

（『エネルギー基本計画』二〇一〇年六月）

準国産の〝クリーンエネルギー〟にまつりあげられた原発産業は、まさに矜持に満ちた時代を迎えていたといえるであろう。二〇一一年三月一一日の東日本大震災が発生するその日まで。

《供給安定性、環境適合性、経済効率性の3Eを同時に満たす中長期的な基幹エネルギーとして、安全の確保を大前提に、国民の理解・信頼を得つつ、需要動向を踏まえた新増設の推進・設備利用率の向上などにより、原子力発電を積極的に推進する。また、使用済燃料を再処理し、回収されるプルトニウム・ウラン等を有効利用する核燃料サイクルは、原子力発電の優位性をさらに高めるものであり、「中長期的にブレない」確固たる国家戦略として、引き続き、着実に推進する。その際、「まずは国が第一歩を踏み出す」姿勢で、関係機関との協力・連携の下に、国が前面に立って取り組む。（中略）

まず、2020年までに、9基の原子力発電所の新増設を行うとともに、設備利用率約85％を目指す（現状：54基稼働、設備利用率：〔2008年度〕約60％、〔一九九八年度〕約84％）。さらに、2030年までに、少なくとも14基以上の原子力発電所の新増設を行うとともに、設備利用率約90％を目指していく。これらの実現により、水力等に加え、原子力を含むゼロ・エミッション電源比率を、2020年までに50％以上、2030年までに約70％とすることを目指す。》

（前掲『エネルギー基本計画』）

米国の設備利用率がすでに九〇パーセントに到達していることを思えば、まるでアメリカに「追いつけ、追い越せ」の勢いさえ感じられる。

二酸化炭素を排出しない「ゼロ・エミッション電源」という新しいスローガンも掲げられた。

「一九六〇年代の『エネルギー革命』や七〇年代のオイルショック時の『石油代替』がそうだったように、『クリーンエネルギー』という言葉は経産省にとって、打ち出の小槌になったんですよ。時代時代でそういう万能思想が生まれてくるんですな」

通産省の元局長は、こう言ってカッカと笑った。男が一線を退いたのは、そんな石油代替がまさに予算獲得のための〝万能思想〟としてもっとも力強く働いた一九七〇年代だった。

それから四〇年近くが経ち、当初の想定寿命を続々と迎えてくる原発を前にして、しかし、国の「エネルギー基本計画」は、新たな「クリーンエネルギー」という思想を前面に展開していた。

『通産省と日本の奇跡』でチャーマーズ・ジョンソンが描いたのは、この元局長が退官する一九七〇年代前半までの通産省の〝軌跡〟だ。

一九九〇年代末ごろから、その『通産省と日本の奇跡』以後の、官僚たちの施策決定過程と省庁の政策構造について取材を進めていた私は、ジョンソン本人とのやりとりのなかで、彼が語ったある言葉が印象に残っている。

通産省、経産省という役所が伝統的に抱えている政策遂行能力において、他省庁と比べてとりわけ特異なところはどこにあると思うか、そう訊ねたときだった。

たしか、ジョンソンはこんな表現を使っていた。

道路や港湾、砂防ダム、通信インフラといった公共事業に直結する現業系領域を所掌する建設省や運輸省、農水省あるいは郵政省といった省庁が〝直線的〟な施策推進をするのにたいし、通産省のそれには「政策的狡猾さ（political maneuver）」があると。

ジョンソンはそれを決して、否定的な文脈で用いているわけではないようだった。

だが、原発をめぐる通産省の一連の動きにその言葉を重ねてみれば、一九九〇年代は、通産省が環境をめぐる外圧を逆手にとって、霞が関で覇権をめざした時代であったようにもみえてくる。

第4章

政策マフィア

原発候補地になった村

かつて通産省が露骨とも言えるほどあからさまに、原発設置の工作を行なったと思われる場所があった。

当時、若手では最有力政治家の一人としてその名を知られていた安倍晋太郎が通産大臣に就任した、一九八一年から八二年にかけてである。

鈴木善幸内閣で有力な経済閣僚ポストである通産大臣に就いた安倍は、いよいよ総理の椅子をうかがう時期に入っていた。

戦前から戦後にかけて衆院議員を務めた安倍の父、安倍寛もまた地元では、生前、人気のある政治家であった。その息子、晋太郎の重要閣僚への就任を、安倍家の地元である山口県・油谷の人間たちは誰よりも喜んでいた。

下関から油谷にかけての日本海は、地元の人々が「日本でもっとも美しい海のひとつ」と胸を張るように、その澄んだ海水の色は、車窓からでさえ沖合までその海底をくっきりと照り輝かせてみせ、本州の海とは思えない透明感を放っている。

だが、そんな油谷の集落も、小さな漁業と小さな農業が本当に小さく営みを保っているのみで、高度経済成長による若者の都市部への流出を経て、すっかり過疎の村になりつつあった。

そんな住民たちあげての楽しみこそ、安倍晋太郎の総理への道を見守ることそのものであったのだ。

漁業と農業しかなかったその町は、日本全体が高度経済成長に浮かれていたその最中でも、まるで昔と変わらず細々とした暮らしが続く場所だった。

安倍の通産大臣就任の直後のことだった。

「このあたりは中国電力なのですが、原発の候補地としてどうかという話が舞い込んだんです」

すでに引退して久しいこの町の元有力者が教えた。

「ちょうど、安倍先生が通産大臣になられて、安倍先生はご存じのように、元総理の岸信介先生の娘さんとも結婚されて、政治的な血筋もいいですし、いよいよこの油谷からも総理が出るかもしれないからと、町をあげて安倍先生を盛りたてていかなければと、そんな雰囲気でしたから。

そんなときにちょうど、原発の候補地としてどうかという話が町に持ち込まれたもんですから、これは安倍先生を応援することにもなるのかどうかというところで、ずいぶんと話し合ったのを覚えています」

油谷のある山陰地方では、すでに一九七〇年代に中国電力・島根原発が建設されていた。そして、七〇年代後半から八〇年代後半にかけての一〇年間は、敦賀、女川、そして福島を先頭に、日本全国で原発の建設ラッシュが続いていた。

「で、ご覧のように、産業らしい産業もないところですから、原発がくれば、少しは町もいい方向に行くかもしれないということで、だいぶ議論もしました。むしろ、これは安倍先生を応援することと同じことだという意識は誰のなかにも強くありましたからね。古い者たちのなかには、町をどうにかしなければいけないという思いもあって、反対にまわる者はいませんでしたね。

原発は危ないのじゃないかという、そういう強い懸念さえもあんまりなかったように思います。原発が危ないと言われても、どこがどう危ないのかといったこともあまり知らないというか、そういう技術的なことは誰もわからないわけです」

どこからともなく話が持ち上がってからほどなく、町の有力者のもとを中国電力の関係者が訪れるようになった。

「それからだんだんとわかってきたんですが、どうも話は、安倍先生が通産大臣になられた直後に、その通産省から県の担当者を通じて町のほうにきたみたいでした」

通産省は一九七〇年代を通じて、県の商工部長職に若手官僚を出向させると同時に、日本全体、それぞれのブロックごとに省の出先機関である通産局を置き、各地・各県との人的パイプを確保していた。

そして地方の側もまた、霞が関に近い場所に出張事務所を置き、中央官庁や地元選出の政治家との窓口を確保するようになっていた。陰に陽に、根回しのきく態勢ができあがっているのだ。

少々時代がさかのぼるが、一九四九年から五〇年にかけて資源庁電力局で電力会社の業務監査をしていたある官僚が回顧している。

いまの関西電力、当時の関西配電の業務監査に赴いたときのことだ。

《この業務監査は、電気会社にとっても重要な行事であって、ちょうど各官庁が毎年度会計検査院の会計検査を受けるようなもので、会社は非常に気を遣っており、監査官の待遇も、至れり尽せりであった。この日も、夜は慰労の接待があって、そのあと、当時の習慣でマージャンが始まった。宴に侍《はべ》っていた芸者の一人にマージャン好きがいて、酒の勢いでか、負けたら貞操を賭けるなどと言っていたが、終ってみれば、その芸者の一人負けということになって夜遅く散会したのである。ところが、温泉に皆で入って疲れをほぐして部屋に戻ってみると、この芸者が寝間に侍っているのである。大変驚いて役人だから駄目だと言っても、帳場に話がついていて帰るわけにはいかな

いとなかなか納得せず、しまいには泣き出す始末である。》

時代が時代だとしても、はたして、これだけの接待を受けて業務監査が成立するのかは、はなはだ疑問だが、このころ、この資源庁電力局業務課では電気料金の認可業務を所掌していた。

この元通産省OBの述懐は屈託なく続く。こうした関係に決して後ろめたさなど感じていないかのように。

当時の中国配電、現在の中国電力の業務監査ではこんなこともあった。

《広島を去る前の晩、送別の意味で、会社の配慮により焼け残った遊郭に行ってお座敷全ストを見せてもらったが、全然駄目で、それまで気にしていたものの、本当にガックリしてしまった。（中略）

その晩泊った玉造温泉の由緒ある温泉宿には、昭和天皇が泊られた部屋があって、その部屋は、一段と控間より高くなっている大名造りの座敷で、付随しているお風呂も総檜、トイレも樟《くすのき》の一枚板が張ってある広いもので、昭和初期の天皇の御威光がうかがえる造りの離れであった。その上間に一人で泊めていただき、大名気分に浸ったのである。（中略）そして、飲み明かした夜中、皆で露天風呂に入ろうということになって、芸者たちも一緒に温泉に入ったのである。時候は冬二月で、雪がチラリチラリと降っては湯水に消え、露天風呂の脇には、ふくふくと白梅が夜景に映え、湯舟には、白い肌をみせた女人が二人、三人と、なんともいえない風物であった。心も暖かくお湯に浸りながら、雪月花の月はなけれどもロマンチックな気分を味わうことができた。白雪、白梅、白肌の三重がライトに浮ぶ野外で、男女が湯遊びをしているとは、全くの桃源郷にさまよいこんだ思いであった。》

（以上、『通産官僚の軌跡・わが生涯』）

時代はくだり、はたして油谷のそこに、中国電力と通産省のどちらが最初に話を持ち出したのかはわからないが、それは重要ではない。通産省のエネルギー行政においては、電力各社もまた一体なのだ。

「で、中国電力の担当者や、ときには通産省のお役人さんまでが視察に訪れたなんて話がちらほら出るようになりまして。そうすると今度は、原発はお金が落ちるなんていう話で、町おこしになるという話が出はじめたのを覚えています。誰が言いだすんでしょうね。えぇ、そういうものが町の役場の書類としてではもちろんありませんけどね。だけども、不思議なことに、間違いのない確かな話だと、こういうことになってくるんですよ。詳しく事情を知らない者がただ思い込みで言っているのとも違うんですね。町の議員や、まあ、信頼のある人からそういう話が町長室にだんだんと持ち込まれてきましてね。もちろん、町の財政は苦しいのは当たり前ですから、お金が落ちるといっても、ところでどれくらい落ちるのかと、どうしてもなってしまいます」

もとより小さな集落である。油谷の人々や周辺地域にまで、その原発の魅力が伝わるのに時間はかからなかった。口端にのぼりはじめれば、一気にその内容は具体的になっていく。人間同士の気持ちと紐帯が密な場所ほど、そうであろう。

そして、内容は驚くべき具体性をまとっていった。

「いやあ、驚きましたよ。その、原発を設置すると、そこで地元の人をほとんど雇ってくれるという話もありましたし、それに迷惑料やなんかで、村の財政があっというまに倍になってしまうよ、なんてことを言う人まで出てきました。誰も原発って何だなんて言ってたのが、数カ月経ったら、いつのまにかそんなことに詳しくなっていたんです。それで、なかには他の町や村の名前をあげて、あそこの県のあそこは、それで村おこしになって公民館をつくれたとか、病院をつくれたとか、ずいぶんと細かいことを言うんですよ。短いあいだに、いつのまに勉強したのかと思うほどで……」

原発がくれば町が豊かになるかもしれないという、そんな理想郷到来のような話を、人々は、囁きあうようになったという。

この話を教えた元有力者は、そのころ公的な立場にあったが、しかし、この原発の話は不思議なことに、この人物のところに持ち込まれる以前にすでに町全体に広がっていて、気がつけばまるで原発誘致が住民全体の意思であるかのような雰囲気さえできあがりつつあるのに、驚かされたという。

「あっというまでしたね。それでも結局、私らとしては、とにかくこの町は安倍先生だけですからね。安倍先生はどういうご意向なのだろうと、それを慮《おもんぱか》るばかりでしたが、原発の話はですね、安倍先生が通産大臣になられた直後に舞い込んだものでしたから、もう住民たちはですね、さすが安倍先生だ、安倍先生がこういう油谷の町を見捨てずに、油谷を盛りたててくれようとして、原発を引っ張ってきてくれたんだと、そんなことを言う者もいましてね。

それがいつしか、さもその通りであるかのように、なんとなく小さなところですから、それが間違いなくその通りだとして信じられていったんです。しかも、その安倍先生が通産大臣になって原発の話がきたんだから、これは安倍先生を応援する意味からも油谷の町がひとつにならなければいけないとか、そう言う人もいますしね。

でも正直、そんな話ばかりが出るけれども、当の通産省どころか、中国電力から町のほうに、なにか公式に挨拶があるとか、検討の要請があるとか、そういうのは、不思議となかったんですよね。ですから、原発建設の候補となっている話が本当であるのかどうかさえ、なかなか町としてはわからないと。ただ話ばかりが、どんどん大きくなっていって……」

住民のあいだにはいつしか、不安よりも期待が語られることのほうが多くなっていった。そしてついには——。

「検討するだけでもいくらいくらがまず入ってきて、それで原発が設置されたあとも、毎年、いくら分の寄付が町には入る仕組みだと、そんなことなんですよ。その寄付というのが、本当かなと思うような額まで伝わってくるんですよ。そりゃあ、町としては嬉しいですよね。原発ほどの規模の工事になれば、そこでも雇用は生まれますし、しかも原発で働く雇用も生まれるというわけですから。それに加えて、迷惑料なのか、多額の寄付が入ってくるという。それに、国からも正式な補助金が入るということでした。本当かどうかはわからずとも、なんとなく、これは安倍先生を総理にするためにも町で引き受けなきゃいかんという、そんな空気ができあがっていきました」

原発がもたらす莫大なカネ

原発が置かれるとカネが落ちるという話そのものに嘘はなかった。

たとえば、日本の一大原発基地ともいうべき福井県に、計画の持ち上がった一九七四年から二〇〇一年までの二八年間に各種名目で交付されたカネは、国の補助金だけでも、一七八七億七五〇〇〇万円を超える。

国は原発誘致を促進するために、電源立地促進対策交付金、電源立地特別交付金、原子力発電安全対策等交付金という、いわゆる電源三法交付金を整備していた。

その内訳はさらに細分化され、とにかく細かく交付が可能なように整備されているのだ。たとえば、原子力発電安全対策等交付金については、現在まで、その内訳項目だけでじつに一四項目を数えるのだが、その半数以上は一九九〇年代以降、つまり、バブル崩壊後に予算として計上され、交付が始まったものだ。

その名目のいくつかをみると、原子力発電施設等立地地域長期発展対策交付金、リサイクル研究開発促進交付金、原子力発電施設等立地地域産業振興特別交付金、要対策重要電源立地推進対策交付金などがある。どれもその長い名称とは裏腹に、趣旨は酷似しているのが特徴だ。

「一九九〇年代の不況でこれまでの補助金が減額されたりとなると、原発を設置してもらっている自治体にたいして約束していた分が払えなくなる可能性が出てきますでしょ。自治体からしても、国の財政事情はわかるにしても、とにかく困るとなる。ですから、新しい予算項目をつくるなりして、そうしたもので総額の水準が維持できるように考えたわけですよ。維持しなければいけない理由ですか。明白ですよ。国や役所には、被害の出ていないものに迷惑料を払うという考えは原則としてないわけです。新たな新規建設の立地選定が難しい以上、あとはいまある場所に増設していくしかないわけですから。補助金の交付が滞れば、増設計画だって滞ってきてしまう」（資源エネルギー庁元幹部）

そうして、手を替え品を替えの予算付けが行なわれることになる。

福井県を引き合いに出せば、こうした国からの交付金を活用して整備した施設は数多あり、それも施設の種類を選ばずにあらゆるものに使われていた。

道路や河川、水道はいわずもがな、小学校のプールなど学校施設、図書館から集会所、さらに県下自治体においてはテニスコートから郷土史料館、さらに観光物産センターから道の駅、バーベキューハウスまで、それこそ中央官庁による所掌領域をまたぎ、ありとあらゆるものが整備されていく。

上水道や廃棄物焼却施設であれば厚生省、道路や河川であれば建設省、防災無線などの防災施設であれば自治省、小中学校は文部省、林道や森林保安施設であれば林野庁、漁具や育苗ハウスなどは農林水産省と、本来所掌するべきそれぞれの官庁をよそに、通産省が所管するこの補助金は浸透していくのであった。

県には、さらにこの通産省経由での電源三法交付金のほかに、電力会社から直接に、原発施設の固定資産税と、福井県であれば自主財源である核燃料税が入ることになる。

それは、財源の限られた地方公共団体にとって、なによりも魅力的にみえるのは間違いない。

安倍晋太郎の通産大臣就任後に地元の油谷に降って湧いた原発設置の話は、あっというまに、そんな夢のような話として小さな集落の人々を魅惑していったのだった。

「ただ、やっぱり、そこは小さな町ですからね。原発がきてお金が落ちるっていったって、漁業や農業への放射能の影響がないのかと、どこか心配なところがあったんでしょうね。安倍先生を盛りたてていくべき話だからと誰かが口にすれば、それを表立って反対する人はいませんでしたけど、陰ではね、ずいぶんとみんな悩んだ人もおったようですよ。迷惑料として一時的には農協にも漁協にもお金が入るといっても、やっぱりそれだけで将来まですっと食っていけるとは誰も思えませんでしたしね。漁業をやっている人はやっぱり漁業で食っていくわけで、農業をやっている人は農業で、でね。原発がきて、それがどうなるのかというのはやっぱり心配だったでしょうね。

でも不思議なことに、徐々にそんな不安もまた口にのぼるようになると、また原発はどんなもんかなあと、そんな慎重な雰囲気も出てくるようになって……。小さい町ですから、そこまで賛成派と反対派がぶつかり合うとか、そこまではいきませんでしたけれども、でも、なんとなくまた皆が皆、様子見の雰囲気が出てくるんです。

そうしますとね、今度は、またどこからともなく、原発を受け入れたどこどこの町では、毎年こんな寄付があるらしいとか。おそらく電力会社が払っているんだろうけれどもとか。それが匿名で、きちんと振り込まれるから、町の財政が豊かになるとか、そんな話が出てくるんですね。まるで、町の雰囲気をちゃんとどこかで誰かが見張っているような、不思議なものですよ。そのうちに、あそこの誰々さんが、最近、車が替わってクラウンになったとか、よく下関のほうに飲みにいっているらしいとか、そんな話まで出てですね、みんななんとなく、なんで急にそんなに羽振りがよくなるのかなとか、疑心暗鬼になってきたりもしてですね」

その後結局、油谷の町に原発が設置されることはなかった。ただ、たしかに一時期、中国電力がその場所を立地有力地として〝触って〟いたのは、人々の記憶のなかに確かなものとして残った。

その残滓として唯一残っているところがあると、その元有力者が教えた場所があった。

その油谷の集落からほど近い場所には、日本海を一望できる千畳敷と呼ばれる山頂の高台がある。山頂であるのに、そこは平らで、ちょうど畳千枚を敷きつめられるほどの広さがあることからそう呼ばれているのだという。

現在そこは公園となっているが、地元の者でさえ訪れる者はほとんどいない。ただ人気《ひとけ》のない駐車場と公衆トイレだけが、日本海からの風を正面から受け、吹きさらされているのだが、その稜線に巨大な風車のような風力発電の羽がまわっている。中国電力によるものだ。

日本海を知る者にとっては、それは何よりも奇異な光景であることに気づく。日本海側は、秋から冬にかけ、雲が低く垂れこめるようになると、雪おこしと呼ばれる雷が頻繁に鳴り、ときにビー玉大の雹《ひょう》が激しく地面を叩くことがあるのだ。

その日本海に風力発電とは……。

「風力発電は雷に弱いと言われていたんですけどね、なぜかね、中国電力が原発ではなく風力発電を始めたんですね。口の悪い者は、原発の足がかりを付けたんだろうなんていう者もいましたが」

中国電力は風力発電を設置するとともに、油谷風力発電株式会社を設立し、現在、油谷にその事務所を置いている。

その後、中国電力は油谷とは反対側、瀬戸内海の田ノ浦で原発建設に着手することになった。こちらは原発推進派と反対派がすでに町を二分し、激しい訴訟合戦まで展開しているが、その立地は驚くほど油谷と似ている。山陰と山陽、どちらにも面する山口県を、山の走るその中心で折りたためば、まるでそれは油谷とその小さな油谷湾を囲うように延びる岬をちょうどひっくり返したように、上関原発の予定地はある。

油谷の地形をそのまま鏡にうつしたかのような立地を中国電力がわざわざ探したとは考えにくいが、その上関もまた、安倍晋太郎の岳父であり、元総理の岸信介の出身地である田布施町から目と鼻の先であった。

その岸もまた、戦中、東條英樹内閣のもと、一九四一年から四三年まで経産省、通産省の前身である商工大臣を務めている。岸自身も東大法学部を全優で卒業して農商務省（のちに農林省と商工省に分割）に入省した商工官僚出身であった。

その義理の息子である安倍晋太郎は通産大臣の後には外務大臣に就任し、さらに自民党総務会長、幹事長の要職を歴任し、順調に総理への階段を上がっていたその矢先に病魔に倒れ、通産大臣就任からちょうど一〇年後の一九九一年にこの世を去る。

あるいは安倍晋太郎が総理になっていれば、いま、油谷原発の計画が推進されていたかもしれないと、そんな想像が頭をよぎった。

FBIが追った原発マネー

それもまた、いわゆる「原発マネー」と呼ばれるものだったのだろうか。しかしそのカネの流れは、きな臭いという表現でさえ生ぬるく思えるほどの不可解さに満ちているようにもみえる。

数年前、この原発マネーに日米の捜査当局が思わぬかたちで目をつけ、内偵段階で両機関が接触したことがあった。

原発の設置を検討し、設置が決まれば、各種交付金が継続して当該自治体や県に入ってくる。この原発誘致にともなう補助金のたぐいも間違いなく原発マネーとして括られうるものだが、それだけでなく、「匿名の寄付金」もまたその土地に入ってくる。

かつて中国電力が原発設置を検討しているという話が出た山口県油谷町でも、やはりそんな匿名の寄付金の話はいつしか人々のあいだに知られるようになったが、福井県では、それが大きく報じられたことがあった。

つねづね、そこに住む人々と関係者のあいだで囁かれてきた、その匿名寄付の実態が詳らかになった、希有な例でもある。

《美浜町の2007年度一般会計決算書。歳入項目をみると、07年2月の当初予算段階ではたった1万円だった寄付金の額が、08年秋の決算公表段階で一気にはね上がっていた。07年度の歳入総額は77億4321万円。その13％にあたる寄付金が当初予算計上後に補正されることもなく、突如として決算書に登場する。

06年度も同様に、3億1519万円もの寄付金が決算書でいきなり記されている。副町長の中村春彦（64）は「出納整理期間に寄付を受けると、決算書のみに記載する。本来は年度内に受ける予定だったが、寄付の相手方の都合もあって遅くなり、各年度の3月補正予算までに計上できなかった」と説明する。だが、寄付者名を問うと、「それは答えられない」と口を濁した。

巨額にもかかわらず、匿名で、なおかつ表に表れにくい形で行われている極めて奇妙な寄付行為。関係者の話を総合すると、大半が美浜原発1～3号機（美浜町丹生）を運営する関西電力によるものだ。

ただし、町が多額の寄付を受けるのは珍しいことではない。『美浜町行政史』などによると、各年度決算における寄付金額は、町が発足した1954年度から60年度までは多くても716万円だったのに、61～70年度は1174万～2485万円と急増。71年度3億2910万円、72年度6799万円、73年度1億425万円と、目立って高額の年もある。金額が大きい年度は、町内での原発建設決定（62年）、美浜1号機

の営業運転開始（70年）といった動きと重なる。》

（「40年目の原発　第2部　共生の代償」『読売新聞』ONLINE版、二〇一〇年三月六日付）

ここでも指摘されているように、こうした匿名寄付は福井県内に限ったことではない。さらには、原発があるその域内自治体は当然のこと、その隣接自治体にも匿名寄付は寄せられる。

中国電力の島根原発を抱える鹿島町では、二〇〇〇年からの五年間で、総額三四億七〇〇〇万円にのぼる匿名寄付が寄せられ、さらに、その隣接自治体である島根町にも、匿名寄付分で一七億五〇〇〇万円にのぼる寄付があるのだ。

再び福井に話が戻るが、地元の『福井新聞』で、より詳細に、この匿名寄付の内情が報じられたことがある。福井こそは、若狭湾という限られた場所に原発一一基が密集する、日本最大の原発拠点であるのだから、それはつまり、日本最大の原発マネーが投下されていることを意味する。

《敦賀港近くに建つ赤レンガ倉庫は、港町の歴史を象徴する明治期の建造物だ。敦賀市の所有となったのは2003年5月。日本原電が土地と建物を約4億円で地元の保有者から買い取り、そっくりそのまま市に寄付した。（中略）

寄付をした原電は、出力が世界最大級の敦賀原発3、4号機の増設計画を進めてきた。02年12月、県と敦賀市が安全審査入りを事前了解し、04年3月には増設を了承。同7月から準備工事に入った。こうした動きと重なり合うかのように、敦賀市のほか周辺市町村に巨額の寄付が相次いだ。

03年から05年にかけ、旧河野村へ12億円、旧越前町は8億円、旧三方町3億円、旧今庄町1億5千万円……。いずれも原電の寄付とみられるが、ほぼすべてが匿名扱いだ。敦賀市は05年に原電から20億円の寄付を受けた事実は明らかにしたが、ほかにもある億単位の寄付は未公表だ。

関西電力からも02年度に美浜町へ10億円、05年度に旧大飯町へ9億円など、たびたび巨額の寄付が明らかになっている。同社は「地域との共生の観点から必要に応じて適切な協力を行っている」と一般論として寄付を認める一方、「相手方との関係や業務への影響を考慮し公表はできない」とする。》

(『福井新聞』ONLINE版、二〇一〇年五月二八日付)

こうした匿名寄付は、電力会社の「諸費」という不透明な支出項目のなかから支払われる。その多額の金を、米国連邦捜査局(FBI)が追跡したことがあった。

当時、FBIのニューヨーク支局にいた特別捜査官、ジェームス・ウィンは、二〇〇一年の九・一一テロ以後、中東とのあいだの資金流通経路を捜査していた。

それはテロ資金の流れを追うものだったが、このなかで東京電力の名前が浮上したのだ。ニューヨーク・ロングアイランド在住のイラン系ユダヤ人画商、イライ・サカイ（ELY・SAKHAI）に、日本から不透明な多額の資金が流れ込んでいたのだ。

二〇〇五年、FBIは連邦地検と協力し、このイライを逮捕に追い込むが、このイライの最有力取引相手の一人が日本人だった。

この日本人は福島県の出身で、地元経済にただならぬ影響力を持っていただけでなく、中央政界とのパイプを持ち、〝政商〟と呼ばれた小針暦二とも近い関係にあった。一九七〇年代から八〇年代の日本の裏社会で躍動したこの初老の男から、イライに億単位のカネが流れ込んでいた。

FBIは警察庁を通じて捜査協力を要請し、経済犯を担当する警視庁二課も、この男を含め国内関係者の聴取を幾たびも行なっていた。

この男は霞が関にほど近い内幸町のプレスセンタービルに現在も事務所を構えているが、すでに往時の勢いは衰えている。しかし、一九八〇年代には与党・自民党とのつながりも深く、政界、官界でかなりの政治力を発揮してきた人物だった。

一時期は東京電力の株主でもあったが、東電内部では長く「特殊株主」扱い、つまり、いわゆる総会屋と同じカテゴリーに分類されていた。この男の娘たちは、東京電力が就職を引き受けてもいた。

ＦＢＩの特別捜査官、ジェームス・ウィンの内偵によって、この男が一時期、このプレスセンタービル内に「西洋美術研究所」という看板を掲げ、このイライから最終的には五〇〇点近くに達する西洋絵画を購入していたことが明らかになった。

イライはこの男との取引によって、億単位のカネを手にしていたとみられ、カネの流れを追っていたＦＢＩは当然、この日本人男性の取引の原資を追及することになった。

連邦地検の参考人聴取を受けるために、この男はニューヨークにまで出向き、地検検事のジェーン・レヴァインへの証言を余儀なくされる。

そして、最終的には一〇億円近くにまでのぼるとみられる絵画購入資金の出所は、東京電力だとされたのだ。

東京電力はこの男がもっとも力を発揮していた一九七〇年代から八〇年代にかけて、福島第一原発からほど近い場所にある福島第二原発の着工計画に着手していた。福島第二では、これまでに四基が建設されているが、この計画段階から、福島県内に顔の利く、この男の力を頼みにしていたのだった。

いわゆる〝地元対策〟を期待してのことだったろうが、東京・内幸町の東京電力本社の目と鼻の先にあるプレスセンターにはたびたび、紙袋に収まった現金が一〇〇〇万円単位で運ばれてきた。

運んでくるのは東電の社員で、領収書を取ることもなく、男や事務所の者に、紙袋を渡していくのだ。男の側でも、これはあくまでも〝地元対策費〟と認識してはいたが、しかし、それは暗黙の了解であり、はたしてそのカネが最終的に何に使われたかを詮索する者はいなかった。

この画商を訴追したいＦＢＩと連邦地検は、この男を捜査協力者として扱ったため、男のそうしたカネの流れが表に出ることはなかったが、しかし、ＦＢＩがこの男に関心を持つ以前には、東京地検特捜部が東京電力のこうした不透明な支出と、この男との関係に目をつけていたこともあった。

男はこうして購入した絵画を、平山郁夫や瀬木慎一といった絵画の世界で当代一流と目される人物たちの推薦文とともに画集として製本し、そのコレクションそのものを東京電力に売りつける計画をたてる。

一九九〇年代前半のことだった。二〇一一年の東日本大震災でやはり甚大な被害を受けた宮城県松島に、東京電力が出資して美術館を設立することを男は持ちかけたのだ。

地元貢献というかたちで電力事業者が地元にさまざまな「箱もの」を建設するのは、先に挙げた新聞記事を待たずとも、業界内外では知られた話だった。

だが、この計画は具体化にいたらず、着工のはるか手前の段階で頓挫することとなった。すでにバブルが崩壊していた当時、東電側もまた湯水のごとくカネを出せる状況ではなくなっていたのだ。

男にとって、これは痛手だった。東電によって建設された美術館に、みずからが収集した西洋絵画のコレクションをまとめて引き取らせるつもりで、購入した絵画は修復にもカネをかけ、さらに東北大学の美術研究の教授による鑑定までも行なっていた。男は、購入した何倍もの額で購入させようと考えていた。

東電はしかし、この男の実力を明確に見定めていたのだろう。一九九〇年代に入ると、男の政界における影響力は誰の目にも衰えをみせはじめていた　東電は、男の政治力減退を見透かしたうえで、〝切り〟にかかったものとみられた。

FBIの内偵がこの男の周囲に及び、この東電マネーが米国に流れ、米国当局の〝網〟にかかったことを知らされた東京地検特捜部は二〇〇五年、ニューヨークで捜査関係者に接触を図る。

その直前、二〇〇四年一二月一三日、ニューヨーク南地区米国連邦地方裁判所でサカイには懲役三年の実刑判決が下っていた。その法廷で証拠として採用され、事実認定された記録には、この東電マネーを原資とした絵画取引の一端が記されていた（以下は、ニューヨーク南地区米国連邦地方裁判所公判速記録・二〇〇四年一二月一三日を邦訳したもの）。

《サカイと彼の共同謀議者は、東京のアートコレクターをだまして、シティバンクが販売しているものだとサカイが虚偽を述べたレンブラントの贋作を購入させた。一九九六年ごろ、サカイは、日本・東京の美術品コレクター（以下〝コレクター〟）をだまし、五〇〇万ドル以上を借りたが、その際に、サカイは、みずからが東京で受領したローンの担保に入れたと彼自身が述べていた五点の絵画にたいする抵当権を解除するために、その金が必要だと虚偽の申し立てを行なっていた。その〝コレクター〟が自分自身に金を貸すように仕向けるために、サカイは、〝コレクター〟に絵画をみせ、偽造されたローン書類のコピー、写真撮影した鑑定書を与えた。サカイは、〝コレクター〟から借りた資金を返却するという詐欺的な策略を用意し、〝コレクター〟をだましたのだ。とくに、一九九七年六月ごろ、サカイは〝コレクター〟に、サカイの借入金の返済分としてレンブラントの絵画「聖ヤコブ」を受領するよう説得したが、その際に、自分はその絵画をシティバンクより取得できるが、当該絵画の取得については、〝コレクター〟に購入金額の一部である約三五万ドルを拠出してもらう必要があると述べた。このような策略のもと、サカイは〝コレクター〟に借入金を返却するために、〝コレクター〟に示した五点のうち四点の絵画をシティバンクに与えることで、約二〇〇万ドルの残額を支払うつもりであると〝コレクター〟に述べた。策略の一環として、サカイは〝コレクター〟に、レンブラントはシティバンクからのローンにたいする担保として付託されたものであると述べ、さらに、サカイは本件被告としては名を挙げられていない共同謀議者（CC1とCC2）に〝コレクター〟を紹介した。これら二人の共同謀議者は、レンブラント絵画を売却する権限を有するシティバンクの代表者を装った。話し合いの最中に、サカイとCC1及びCC2は、レンブラントの絵画は真作であるという保証を口頭と書状で与えた。サカイとCC1（シティバンク代表として署名）は、売買契約書を用意し、一九九七年六月ごろに、〝コレクター〟は、サカイに約三五万ドルを与えた。〝コレクター〟は、絵画とともに日本に戻り、その後、その絵画が贋作であることを知った。サカイ、CC1及びCC2は承知していたことだが、シティバンクとの取引はすべて虚偽であり、レンブラントについても、彼らは承知していたとおり贋作であった。》

ここに登場する〝コレクター〟こそ、東電が面倒をみていた男である。

男はかつて、霞が関界隈で知られた雑誌『月刊官界』の発行人としても知られていた。収監直前、私のインタビューに応じたサカイは、この男との取引が一九八〇年代にまでさかのぼることを示す書類をみせたうえで、「全部わかっててやっていたじゃないか。いまさら被害者面できるのか」と、司法取引の末、ＦＢＩに〝寝返った〟男にたいする怒りを爆発させた。

東京地検はその後も、福島県内での不可解なカネの流れに興味を持っていた。二〇一〇年、水谷建設と小沢一郎とのカネの問題が世間の耳目を集めたが、その水谷建設と、この男との関係にも、東京地検は注目していた。

三重県を地盤とする総合ゼネコンである水谷建設と男とは、数十年来の古い関係にあったが、その水谷建設が福島第一原発を含む東電関係の工事の下請けを行なっていたのだ。その関係性に、特捜部はなんとか事件の筋を見出したいと考えていた時期があった。

東京地検特捜部がＦＢＩと連邦地検の動きを知ったのは、彼らが最初に東京電力に目をつけた時期からはかなり時間が過ぎており、特捜部長も何代も交代してはいたが、動きは早かった。

特捜部は、連邦地検との接触に動いたのだ。

その時期、特捜部は佐藤栄佐久・福島県知事の逮捕に向けて内偵に動いていた。すでにその目先は東電本体にはなかったのだろう。原発の地元対策費の行方は気になってはいたが、すでにその多くが時効になっていると考えられることが、東電本体から関心を失った最大の理由だった。

さすがに捜査当局としても、法律上、時効にかかっているものに捜査着手はできないのだ。だとすれば、わざわざそのＦＢＩと連邦地検の線に接触を図ったのは、そうした原発マネー、あるいは東電マネーと政治家との関係が、この男の資金経路を経由して裏付けられるかもしれないと考えたからであろう。

二〇〇六年、大鶴特捜部長率いる東京地検特捜部は福島県知事を辞職した直後の佐藤栄佐久の逮捕に踏み切ると同時に、プレスセンターに入る〝男〟の事務所「行政問題研究所」にも家宅捜索をかけた。

佐藤の逮捕容疑は収賄容疑ではあるものの、被疑内容は、原発や東京電力とはまったく関係のないものであった。昨今の報道では、この特捜部の逮捕は〝無理筋〟であり、逮捕容疑は冤罪であるとの主張もなされており、裁判によってその結果が明らかになるまでには時間がかかりそうだ。

だが、特捜部が福島という土地で睨んでいた、もうひとつの〝筋〟が東京電力、そしてその原発マネーにあったのは確かだった。

ＦＢＩの特別捜査官、ジェームス・ウィンとそのチームによる何年にも及ぶ執念の捜査が、はからずも原発マネーの一端をも掘り起こしたのだった。

逮捕されたイライ・サカイはその後、有罪判決を受けて服役する。この事件は結局、テ

ロ資金の捜査という当初の目的からは外れたものの、じつに壮大な贋作絵画による詐欺事件として歴史に残ることになった

男が収集熱に浮かされて集めた、ラファエロやレンブラントといった西洋のオールドマスターと呼ばれる画家たちの〝名画〟が、じつは贋作であったとすれば、東電の地元対策費は、名実ともにあぶく銭であったことになろう。

男がこのカネで買ったコレクションの一部は、連邦地検によって贋作の「被害」として証拠採用されている。

海を渡った原発マネーは思わぬ波紋を引き起こしていたのだった。

霞が関の「国盗り物語」

「おいおい、うちのマドンナもついに知事さまだよ。偉くなっちゃったもんだな。まあ、でも坂本女史にはまだまだ及ばないかな」

太田房江の大阪府知事当選を伝える朝刊を机の上に広げながら、太田と同期入省のある幹部が皮肉交じりの笑みを浮かべていたのは二〇〇〇年のことだった。

大阪府知事に当選し、史上初の女性知事という称号を得た太田は、元通産官僚だった。

「やっぱり、いいゲタはかせてもらうと違うのかなあ　なあ、どう思うよ」

省を去ったとはいえ、府知事の椅子に無事収まった太田の姿をやっかむ気持ちもあったのだろう。同期入省とは、出世を争うライバルである。

太田が入省以来歩いてきた〝畑〟をみれば、それが決して次官レースに直結するものでないことは明らかだったが、しかし、この幹部とてそれは同様だった。そろそろ、「肩たたき」され、省外に出される時期が迫っていた。

省庁での次官レースは四〇歳をまわるころにはすでにゴールがみえている。それぞれの局に並ぶ課長クラスとて、すべて序列が決まっている。それぞれの局には総務課など〝筆頭課〟が置かれ、その課長は筆頭課長として、同じ課長級でも頭ひとつ抜け出した存在とされるのだ。

そして、その筆頭課長のなかにもまた局ごとに序列があり、大臣官房秘書課長がその最高位にあることは暗黙の了解だった。

役所とはむごい組織である。入省以来のポストで、自分自身の将来がみえてしまうのだ。一般企業であればもっとも脂の乗っている時期であろう四〇代から五〇代にかけて、すでに〝間引き〟の対象となってしまうのだ。

さればこそ、「次官のない」「局長のない」身の者は、早くから中央政界転出をねらったり、あるいは地方自治体の首長に収まることを視野に入れる。

そんなとき、通産省は必ず「ゲタをはかせて」きた。

身内が出馬するとなると、直前に、ごく短期間ではあっても一階級上のポストに就けるのだ。もちろん、いかなるときでも役所の管理職ポストが空席であることはないので、いわゆるポスト外ポストである「参事官」や「審議官」、あるいは「室長」といった、部下を抱えず、机ひとつがあるポストで、その〝箔付け〟を行なう。

「そりゃ、身内が政界に立つんだから、応援するのが当たり前だろう。頑張って当選してもらって、いろいろと働いてもらわなくちゃいけないんだからな」

入省同期の言葉はどこまでも辛辣である。だが、それはたんなる表面的な皮肉というにとどまらない本音をはらむ。

たとえ次官になれなくとも、先輩後輩の序列が死ぬまで続き、「入省年次がすべて」の霞が関にあっては、みずからの省のOBが国会議員や自治体の首長となれば、その後の施策展開において大きな力を持つことになるのだ。

太田の当選からさかのぼること七年前の一九九三年、当時、通産省の次官であった棚橋祐治は、息子であり、やはり通産省職員だった棚橋泰文の衆院選出馬を睨み、その箔付け人事を部下に指示する。

さすがに、通産省トップによる身内への露骨な優遇人事には省内から異論が噴出し、通産省全幹部宅に告発する文書が送付される事態となった。

棚橋は一九九三年六月に二年の任期を〝満了〟し退官するが、後にこの息子への箔付け人事の指示を受けて実行したとされる局長らは通産大臣の逆鱗に触れ、更迭されることともなった。

女性官僚として初の女性知事となった太田の後を追うように、北海道ではやはり通産省OBの高橋はるみ知事が誕生する。

このほか、外務大臣などを務めた川口順子《よりこ》もまた通産省OBであり、あるいは通産省初の女性官僚となった坂本春生《はるみ》は、退官後に西友顧問や西武百貨店副社長などに就任し、手腕を発揮している。

通産省の女性官僚たちは、とかく華のある地位へ積極的に就いていったのだ。彼女たちが外で活躍したのは、やはりどこまでも霞が関は「男の職場」であるという諦めがあるのかもしれない。

「次官がどうのとかじゃなくて、自分の力でどこまでできるか試してみるには、組織の一番上に行かないとダメなこともある」

ときにそんな本音ともとれる言葉を漏らした女性官僚もいた。

坂本も太田も東大経済学部の出身だが、官僚の最大供給機関である東大法学部の法文校舎の法学部棟には、長らく女性用のトイレさえまともにはなかった。一九八〇年代に入ってやっと、二一番教室と呼ばれる一階の教室前の廊下に、まるで工事現場のプレハブ詰所のような敷居をつくり、そこを女子トイレとするほどの、考えられないような環境だった。

二一番教室はかつて、日本政治思想史の講座を受け持っていた丸山真男を全共闘の学生たちが〝幽閉〟した教室だが、しかし、その歴史ある厳かな教室を開けると、一九九〇年代まで、まるで取ってつけたような、場違いなほど軽く浮いたプレハブのトイレがそこにはあった。

「女性で官僚をめざそうとなれば、やっぱり労働省だった」（厚生労働省の中堅官僚）という時代に、通産省を選んだ坂本春生以来の女性官僚たちは剛毅な人種だとみられた。その気概を、通産省も歓迎する。女性官僚の転出となれば、手厚く処遇し、天下りにも気を配ってきた。

二〇一一年四月に行なわれた統一地方選でも高橋は北海道知事に三選され、三重県では経産省OBで三六歳の鈴木英敬が全国最年少の若さで知事当選を果たす。

数えれば、通産省・経産省出身の知事はついに、霞が関出身知事としては、自治省・総務省出身者に次ぐ数に達していた。

通産省はいつしか、内務省・自治省の牙城であった「地方」に〝浸透〟していたのだ。通産省は戦略的に女性官僚を登用し、〝利用〟してきたのか……。

「いままでは想像もできんでしょうけど、長く、通産省は政治に弱いと言われてきましてね。政策には強いけれども政治に弱いと、こういう言われ方をしてきたんです。ですからね、坂本君をはじめとして、川口君や太田君とかがね、どんどん活躍してくれるのはありがたいことですよ。なんといっても、彼女たちには人を惹きつける力がありますからね。

川口君なんかはサントリーにいたけれども、民間でもいいんですよ。民間っていうのは政治がありますよ。役所の施策というのは点ですから、面に広げないと、どうしても弱い。その点を面に広げるのに、政治というのは必要なんです。ですからね、やっぱり政治に強くならなければならない。でも政治を推進するには、立場もそうなんですが、何よりも魅力がないとダメなんです。

施策そのものの魅力だけじゃなくて、政策を掲げる人間の魅力が政治には必要なんです。それで、私らがいたときには、テクノポリスというのを立ち上げたんです。あのときに、角栄さんが列島改造論を掲げましたよね。うちでは小長君が手伝ったけれども。それで、列島改造という政治に、テクノポリスを組み込もうと、そういうわけですよ。それまでの通産省は施策は出すけれども、そこに国民を惹きつける政治というものがなかった。

沖縄万博とかやりましたけどね、あれも政治だけれども、通産省が推進する施策がそれとくっついていたかというと、そういう意味では違ったわけでね。地元にお金を落とすというだけのお祭りだったから。

施策と政治が合致しないと、政策というものにはならないし、新しい産業というものには結びつかないんです。角栄さんの列島改造ではそこに地域振興というもの、地方という視点が入った。そこで、それと産業振興を組み合わせればいけるぞと。それが、テクノポリスなんですよ」（通産省元局長）

テクノポリスと原発

田中角栄が「日本列島改造論」を打ち出したのは一九七二年である。このとき、首相秘書官として出向していた通産省の小長啓一は、この田中の知恵袋となったと言われていた。「テクノポリスを中心に、列島各地に産業を誘致し、そこで雇用をも生みだし、ひとつの自立した経済コアを各地で興していく」（当時のテクノポリス担当官僚）ことができないかと、通産省は考えたのだ。

田中角栄の「政治」に、通産省の「施策」が嚙み合い、それがようやく、「政策」化したのである。これは同時に、大蔵省（現・財務省）と自治省（現・総務省）に握られてきた「地方」に、通産省が切り込んでいくための政策でもあった。

この二つの省が地方財源の分配を牛耳る構図はいまも変わらない。財政権限を法律として持っている両省の牙城を崩すことは不可能に近いのだ。

そこで、通産省は新しい切り口を模索する。

大蔵、自治の両省がこうした財源分配という、トップダウンで日本全体を押さえているのに対抗するべく、通産省は、雇用を含め生活に密着した「工業団地」という場を提供することで、地方を、いわば面的に押さえていこうと試みたのだ。

その「テクノポリス」構想が具体的に立ちあらわれた時期について、やはり通産省OBで、のちに研究者に転身した竹内章悟は、次のように位置づけている。一九七三年入省の竹内は、入省直後の時期に、このテクノポリスに邁進していく通産省の空気を吸っていたはずだった。

《昭和53年から54年にかけて〝テクノポリス〟について通産省は内部で検討を進める一方、その方向性は『80年代の通商産業政策研究会報告』（昭和54年）の第7章にも表されている。同報告書では「産業の適正配置を進めるに当たっては、①雇用機会の確立②第3次産業をも含めた開発により地域経済を強靭にする③地元資源（金、人的・歴史的）を活用する④地域ごとのエネルギー需給バランスに配慮する、等を考慮すべきである。各地域は産業の誘致と育成・振興を組み合わせた地域開発ビジョンを主体的に策定する。また、臨空港工業地帯、異業種の研究能力を統合した技術開発センター、国際通商都市等の構想についても更に検討する。」と概略述べており（前出政策史第15巻P290による）、後にテクノポリスに繋がって行くものであった。》

（「テクノポリス構想発案の時代的背景とその後の推移」『国際地域学研究』二〇〇六年三月）

この竹内の論文によれば、テクノポリスという名称が初めて公になったのは、「昭和55年第1回の『テクノポリス90建設構想研究会（産業研究所）』であり、ここでテクノポリスという言葉が認知された」という。

竹内によれば、この研究会で合意された「テクノポリス」のイメージは次のようなものだったという。

①地方圏域における町づくり
②産業、学術、人間居住の三機能のバランス
③先端技術産業を中核とし、他地域からの移入産業と地場産業の相互連関的発展を志向
④生活基盤面で大都市の有するミニマム・スタンダードの実現、地域の文化伝統との協調的存在
⑤交通・情報機能の重視、三大都市圏・地方中枢都市との一日行動圏を確保、情報伝達

におけるマキシマム・クオリティの確保

⑥新旧両住民の調和的居住

当時、通産省にいた竹内の心証でもあるのだろう。「当研究会報告書が発表されると地方自治体の大きな関心を呼び、問い合わせが相次いだ」。さらに「テクノポリス開発構想の練り上げと地方自治体のテクノ指定獲得に向けた作業が重なり急激に進行したのが55年（筆者注・昭和）以降の姿であると言えよう」（前掲論文）。

それはまさに、通産省主導で国土を開発するという、万能の剣さながらの壮大な施策であった。この国土開発と地域振興という一大実験のなかに、資源エネルギー庁を抱えた通産省は、エネルギー政策も当然、組み込んでいった。

高度経済成長を果たしたとはいえ、都市部と地方との豊かさのギャップは拡がりをみせつつあった。都市部へ労働人口が流出し続けた地方では、いよいよ「過疎化」が地域問題として立ちあらわれはじめる。

そんな時期に掲げられた「地域振興」のテクノポリス計画に、自治体からの問い合わせが殺到したのも無理はなかった。

いまでこそ通産省出身の知事は珍しくなくなったが、この流れに先鞭をつけた通産省出身の大分県知事（当時）の平松守彦はこう述べている。

通産省が「テクノポリス」という名称こそ発表してはいなかったものの、その稠密な施策プログラムをすでに練り込んでいた一九七九年に、平松は知事に当選する。

《五十四年に知事に就任し、（中略）臨空工業地帯構想を発表し、大分空港周辺に技術先端企業をつぎつぎに誘致していった。ちょうどその頃、通産省はテクノポリス構想を発表し、私はわが大分県をそのモデルにしようと努力を傾けている。工業立地―地域開発―エレクトロニクス産業と、私が役人生活で歩いてきた道は、いま大分ですすめているテクノポリス構想に集約されてきているように思える。人生の暗号とでもいうのであろうか。》

通産省の〝思惑〟を知れば、それは決して暗号ではなく、「必然」であっただろう。

《しかしながら、私は未来実験都市をつくろうとするものではない。テクノポリスとは、あくまでも地域開発の一つのインパクトである。二十一世紀へとつづく、競争力のある企業を導入しながら、しかもその技術が地元の産業のすべてに地下水のように浸透する、そういうものになっていかなければ意味がない。テクノポリス・フィーバーで技術先端企業の誘致合戦が非常に盛んであるけれども、それはほんの序の口のことでしかない。》

（以上、平松守彦『テクノポリスへの挑戦』）

そんなテクノポリス・フィーバーに地方が沸くなか、各都道府県の商工部長ポストに、通産省の若手官僚が送り込まれた。これが後に副知事職、そして、自治省出身者一色だった四七都道府県の知事職にも、通産省出身者が立っていく素地となった。

通産省はしかし、このテクノポリス構想でひとつの失策を犯すことになった。一九八〇年代、このテクノポリスを研究基盤にともくろんだ「先端技術」のメニューには石油代替エネルギーなど新エネルギーが入っていたが、すでに電源三法などエネルギー関係の特別会計を抱えていた通産省は、テクノポリス推進のために法律制定されたいわゆるテクノポリス法と呼ばれる「高度技術工業集積地域開発促進法」とエネルギー関連の施策とのすり合わせに失敗したのである。

「エネルギーを噛ませられなかったのは大きかったな。エネルギーは資源エネルギー庁の所管であって、テクノポリスは本省のものだから。エネ庁は設置から一〇年経って、通産省のなかでの位置づけができあがっちゃったんだよな。地熱とか風力とか、石油液化とか、新エネルギーの研究開発の受け皿をそれぞれのテクノポリスに置ければよかったんだけど、それができなかったんだな。企業じゃなくて、地域という受け皿がないと、補助金も落としにくかったんだよ。自民党時代はとくにな」（当時の資源エネルギー庁課長）

「理想郷」のごとく打ち上げられ、通産省の旗艦施策となったテクノポリス計画は、その構想の壮大さゆえに、省内のセクショナリズムに加え、所掌をせめぎ合う他省庁との、かつてない軋轢《あつれき》を起こした。

通産省OBの竹内はこう述懐している。

《当時通産省工業用水課において工業用水道事業の計画立案及び施行業務に従事しており、工業用水面からテクノポリス開発計画を審査する立場にあった。テクノポリス法の主務大臣は通産大臣、建設大臣、農林水産大臣、国土庁長官と多岐に渡り、また開発計画承認に際しての合議先も環境庁、自治省等広範にわたった。これはテクノポリスが工業開発のみならず道路、住宅の整備等地域の総合的な構想づくりという性格を持ち、かつ既存農業地帯や環境、地方財政等との調和も図られるべきものであった故である。あるいは当時の新規施策としてのテクノポリスに各省庁が大きな関心を寄せたゆえんともいえる。

この結果、各県のテクノポリス担当者は中央官庁に日参し、各所管部門ごとに説明を行い調整作業を行う必要があった。加えて隣県のテクノポリス承認に遅れをとらぬようとの県の面子をかけた案件であり、テクノ担当者の精神的負担は大きかった。》

（前掲論文）

このテクノポリスに新エネルギーの開発基盤を組み込むことには失敗した通産省だった

が、このテクノポリス・フィーバーは通産省による地方への覇権拡大にとどまらず、もうひとつの副産物を生んだ。

地方が通産省からの補助金に〝狂乱〟しはじめたのである。

「テクノポリスは海沿いにはないだろう。原発は海沿いだろうよ。テクノは山辺の振興、原発は海辺の振興と考えれば、また違った見え方ができないかね」（通産省ＯＢ）

たしかに、テクノポリスを中心とした工業団地が内陸の山間部に展開する傾向が強かったのにたいし、原発はその冷却水確保という技術的要請があったこともあり海沿いに建設されている。日本中の海岸線に展開してきた原発は、その立地においては不思議なほど、テクノポリスときれいに棲み分けている。

テクノポリスの指定からはずれた自治体が、振興補助金を求めてさまよったとき、エネルギー特別会計にもとづく電源三法交付金を持つ原子力発電所という選択肢が魅力を増したとしても不思議はない。

そしてそれは、通産省にとっても、山間部から臨海部まで日本全国をくまなく押さえていくうえで歓迎すべき展開であった。通産省にとって原発とテクノポリスは、日本全土でのプレゼンスを確保する手段として、一体化されていったのだ。

それはあたかも、通産省による国盗り物語さながらの展開であった。

二〇一一年四月、通産省出身の知事はその勢力数において、いよいよ自治省出身者に迫ろうとしている。

なぜ省庁の所掌が拡大しつづけるのか。その志向の源泉はどこにあるのか。

こう答えた経産省の人間がいた。

「すべては法律。役所の権限はすべて法律が根拠になっているから。法律、政令、省令とね。役所は法律がなければ何もできないでしょ。だから、法律をつくらなければどうにもならないわけだ。施策にはすべて法律が絡んでくる」

役所が法律をつくれども、〝棄てない〟のにはわけがあった。

「年間、おおよそ一〇〇本くらいの法律が成立しますが、廃止というのはほとんどないですね。廃止の場合でも、法律の一部を廃止することはあっても、法律そのものの廃止というのはまずない。改正、改正でやっていきますからね」（内閣法制局）

そして、経産省の人間はこう付け加えた。

「法律を廃止するときはね、それは何を意味するかわかるかい？　それは、新しい法律をつくるときだよ」

だからこそ、所掌は拡大することはあっても、縮小することはないのだ。そしてそこにこそ、〝省機〟拡大の芽もある。

日本を原発大国への道に向かわせた、一九五五年末に成立した原子力基本法の第一条にはこうある。

《この法律は、原子力の研究、開発及び利用を推進することによつて、将来におけるエネルギー資源を確保し、学術の進歩と産業の振興とを図り、もつて人類社会の福祉と国民生活の水準向上とに寄与することを目的とする。》

それから五五年。その原子力技術がめざした末の現実が、恐怖と紙一重のものであることを、二〇一一年三月一一日は知らしめたのであった。

第5章

キャスクという悪夢

見切り発車の代償

二〇一一年四月一二日――。

東日本大震災にともなう福島第一原発の事故評価が、チェルノブイリ原発の事故と同じ最悪水準のレベル7に引き上げられたことを知ると、初老の経産省OBはあたかも独りごとのように、絞りだすように声を漏らした。

「……これでますます、厳しくなる」

男は一九八〇年代、通産省で原発の使用済み燃料をガラスに封入する「ガラス固化」技術を支援する施策にたずさわってきた。

使用済み燃料の処理で発生するきわめて高レベルの放射性廃棄物をガラスと溶解させて、ステンレス製の容器に入れたあとに、冷却するのだ。この冷却過程だけで三〇年から五〇年という長い時間がかかる。

この放射性廃棄物は原発の運転で必ず生じるもので、その処分法は原発導入を考えた最初の段階から想定されたものだった。ガラス固化した放射性物質を容れるステンレスの容器が英語でキャニスタと呼ばれることから、この放射性廃棄物は通常、関係者のあいだではキャスクとだけ呼ばれることが多い。

キャスクは一定程度の冷却を経て、さらに、地下数百メートルの深々度に埋める必要があるのだ。

「キャスクの問題だけはいまのいままで、どうにもできなかったんだな……。自国の放射性廃棄物を他国で廃棄するわけにはいかないから、絶対に日本国内での処理が必要になる。八〇年代はまだこのキャスクをつくる技術だけを考えて、いずれその再処理工場を日本国内につくることだけを考えておけばよかった。

原発で生まれてくるキャスクを日本のどこかに埋めなければいけないということは最初からわかっていたわけだから。でも、それだけが残っちゃったんだな。そもそも、ガラス固化の技術と素材そのものも、当初は、二〇年、三〇年後の技術進歩のロードマップを見込んで、実際に放射性廃棄物を埋める段階になれば、キャスクにして埋めるよりももっといい技術方法がみつかるかもしれないという、そういうなんていうか、希望的観測にもとづく見通しを立てていたんだったな。

地下数百メートルの深々度に埋めるといっても、キャスクを埋める巨大な地下基地みたいなものを設計したこともなければ、やったこともないわけだから。おそらくできるだろう、そのころになれば土木技術もさらに進歩しているはずだからと、そんな議論をしていたこともあった。

見切り発車というか、どうしても原発は未体験のものだから先のみえないところはあったわけだけれども、絶対に避けられない放射性廃棄物をどう引き受けていくかという議論が結局、その後何十年間もできなかったということなんだな。

いまだに日本では一カ所もキャスクの引き受け先が決まってないけれども、今回の事故で、もう手を上げる自治体はなくなるだろうな。福島がこんな状況になったのをみれば、誰でも、放射性廃棄物を引き受ける気はなくなるな」

たしかに、そんな言葉を裏付けるように、通産省が「大深度地下空間利用懇談会」を設置したのは一九八八年になってからで、NEDOを通じてその技術開発を民間へ委託するようになったときはすでに九〇年に入っていた。大深度地下利用の実証研究が実用化段階に入るのは九〇年代も後期になってからなので、そもそも深々度へのキャスク埋設は、原発実用化当初の一九五〇年代にはむろん、夢物語もいいところだった。

通産省が経済産業省へと衣替えする前年の二〇〇〇年、最終処分法と呼ばれる「特定放射性廃棄物の最終処分に関する法律」が制定され、これにともない、この最終処分を実施するための専門組織である原子力発電環境整備機構（NUMO）が発足した。

以来、現在までNUMOは、全国各地で、このキャスクの受け入れ地を探して歩いているのだ。

日本国内の使用済み燃料はすでに貯まりに貯まり、キャスクの本数に換算すると、すでに二万本を優に超える量が生み出されている。

一九八〇年代からこのキャスク技術の国産化を進めてきた通産省は、すでに技術国産化にはメドをつけ、青森県には再処理施設も完成していた。しかし、肝心の最終処分地が決定しないかぎり、キャスクはその腰を落ち着ける場所が定まらず、さまよいつづけることになる。

「まあ、地下に持っていくまでにも何十年もあるから……。それまでにはなんとかなるだろうなんて、誰もがそう思っていたら、まだ、どこもないなんていうことになっちゃったんだな。まだまだ時間があると思っていたら、もう時間一杯だったというわけだ」

経産省OBのこんな言葉は当然、経産省の施策担当者だけでなく、それを担うことになったNUMOもまた共有している思いであっただろう。

狙われた無人島

原子力発電環境整備機構（NUMO）が設立された二〇〇〇年以降、日本各地で、小さな騒動が勃発するようになった。それも、必ずといっていいほど小さな島で起こるのだ。

瀬戸内海に面した小さな島で、まずそれはごく一部の関係者の耳に伝わった。

香川県直島は現在、芸術の島として知られ、大手資本も入った〝芸術村〟の開発が成功し、島の至るところに置かれたオブジェや、さらに作品展をみようと、観光客たちが四国から船で渡ってくる。

村おこしならぬ島おこしの成功例としても引き合いに出されるこの直島のかたわらに、この島の最西部の小さな湾に埋め込まれるようにして浮かぶ、さらに小さな島があることは、観光客にはほとんど知られていない。

寺島と呼ばれるその無人島がキャスクの最終処分地として目をつけられたという話が、島の関係者のあいだに伝わったのだ。

そもそも直島は三菱鉱山による製錬所を最大産業として成り立っている島だった。島の西部にはこの製錬所の施設が集中し、この製錬所からの排煙が原因で、製錬所周辺の土地では草木が育たず、至るところで茶色い地肌がむき出しになっている。

現在も産廃処理工場などが稼働し、そこからは煙が上がっているのだが、やはりそうした影響によるものなのか、植林の跡は見受けられるものの、それもほどなく立ち枯れてしまうようだった。

砂漠のなかに、立ち枯れた木々が至るところにあるといった、殺伐とした光景がこの芸術の島のもうひとつの表情である。土地の傾斜はときにきつい。そこに草木が定着しなければ、斜面の土はみな、海に落ちてしまうことになる。おそらくそれを防ぐためだろう、まるで巨大な絆創膏《ばんそうこう》さながらに、緑のネットが斜面を覆っているのだ。

そんな直島に寄り添う無人島に、NUMOの人間が訪れたという話が島の有力者のあいだに伝わった。

その寺島にもかつては個人の土地所有者がいたが、おそらく製錬所による環境影響もあったのだろう、そこは三菱によって買いとられ、いま、この無人島では土地の所有権をめぐる争いは起きない状態となっている。

いや、もとより直島をも含め、瀬戸内海に浮かぶその場所は、完全に三菱村であるのだ。戦前から三菱で持ってきた土地である。いまさら三菱を追いだそうと運動を起こす者も限りなく少ない。そういう土地として住人たちも受け入れてきたからである。

この半円状の湾に浮かぶ小島に上陸しようともくろんでも、そこには船をつける桟橋さえなく、船の舳先から浜に飛び降りることになる。

その寺島もまた、ひと目で不毛の島であることがわかる。三菱の工場群からの煙が直撃するためであろう、やはり草木はほとんど立ち枯れていて、砂山といった雰囲気である。

その無人島はしかし、考え方によれば、建設作業をしやすい場所とも思えた。

三菱の施設群がある島の西部を観光客が訪れることはほとんどなく、また、この湾に浮かぶ小さな無人島でのキャスク地下埋設作業が、連日、反対運動にさらされることもないだろう。

そこはあくまでも瀬戸内海に浮かぶ無人島であり、岡山側、そして四国の香川側のどちらを向いても、都市部からは一定の距離がある。

まるで原発の新設場所を探す電力会社の人間がやってきたという話を彷彿《ほうふつ》とさせるように、この直島の有力者のあいだに、経産省がこの無人島を最終処分地として検討しているようだという話は伝わってきた。

なかには、すでに一部着工が始まったようだという話までする者がいたが、それはこの島に上陸した限りではまだ確認できないものだった。そこはなおも不毛の土地のままであるのだ。

この島がNUMOによってキャスク埋設地として検討対象となったようだという話を耳にした、現在はエネルギー関連施策とは直接に関係のない部署にいる経産省のある現役官僚はこう語った。

「なるほど、それは考えられるね。だって、原発をつくるのだって反対運動で大変なわけだからね。成田を持ち出してもしかたないけど、結局は土地収用の話になるわけだから。とにかく新たに土地購入の交渉をするとなると、これはメドのつかない話になるわけでしょ。そこが三菱の所有地だとか、長く三菱の影響のある場所だとなれば、やりやすいでしょ。しかも、三菱は原発推進側の企業なんだから。その寺島が候補になっているという話は初めて聞いたけど、それは考えられるよ。国としても関係のある企業が相手ならば話を進めやすいでしょ。なるほどね、それはでも、よく考えたな。あっ、ち、の連中も。島ときたか」

経産省には財務省側の本館と、日比谷側の別館がある。「あっち」とは資源エネルギー庁や原子力安全・保安院、工業技術院などが入る別館を指しているのだ。

本館から中庭を挟んだ「あっち」に入る通産省の外庁群は、同じ敷地内にあっても本館からはいくぶん、見下ろされている。

そんな現役官僚の〝見立て〟を裏付けるように、二〇〇五年、今度は日本海側のある場所で、どうも候補地として検討されているようだという話が、住民のあいだを駆け抜けた。「狙われている」と憤る役場の者もいたそこは、日本よりも韓国に近い島、長崎県・対馬だった。

対馬の「条件」

直島とは比べものにならないほど大きいが、対馬もまた、南北に一〇〇キロほど延びた

「島」だ。

この島の名前が挙がっていると聞いたとき、私はなるほど、それは直島や寺島よりも現実味があるかもしれない、と瞬時に悟った。

対馬には、日本でもっとも古い鉱山跡があった。その歴史は天武天皇時代の六七四年にさかのぼり、それが日本国内で銀を産出した始まりとされているのだ。

その対馬での採掘については、『日本書紀』に「銀、初めて当国に出づ」と記されている。古くから冶金と製錬の技術をもった山師が対馬を訪れてきた。戦前から戦中、戦後にかけては日本でもっとも活発に鉱物資源が開発され、採掘された島だった。

その歴史をかえりみれば、キャスクの地下埋設の絶対条件である「地下岩盤の強固さ」は想像することが容易だった。

すでに閉山されて久しいが、そこにはかつて、東洋一と呼ばれた鉱脈が地下深くに走っていた。

キャスク埋設の設計深度である、地下三〇〇メートル以上という深さは、すでに長いあいだ、その対馬では〝実証済み〟なのだ。

そうした地盤の条件のよさに加えて、対馬の山々は採掘権を持った企業のものであり、同時に、国有地が多いのも特徴である。

対馬は、古くから日本本土の防衛線として重視され、その山間部の土地は、国有地や防衛省所有地がじつに多い。知らぬ者が不用意に分け入れば、突如、防衛省所有地の看板と遭遇することも少なくない。日本最西部の防衛線でもあるのだから、当然とも言えた。だが、それは「土地収用」の観点では政府にとっては楽なものになる。

原子力発電環境整備機構（NUMO）関係者の案内を手伝ったという、ある島民が言った。

「案内したのは、島の北のほうです。もっと山地のほうですね。経済産業省の人も一緒にきていました。数人できましてね、地形のこととか、あと古い鉱山のころのことなんかも聞いていきました」

対馬はその中心地である厳原《いずはら》町（現・対馬市）という〝都市部〟は島の南部に位置している。対馬空港があるのもそちら側で、島の北部は、それこそ「無人」かと見まごうばかりの集落さえある。

かつて、民俗学者の宮本常一が当地に逗留し、そんな北部の住民たちの記憶と記録を集めたことがあったが、そこは日本の「忘れられた場所」ともいえた。

キャスクの地下埋設の候補地としては、その地質環境とあわせて考えても、目をつけられる条件は揃っているようにみえる。

しかも、対馬は島とはいうものの、その土地の九割近くが山岳地帯である。仮に、かつての鉱山のようにそうした山合の裾野に地下へとつながる地上施設をつくれば、周囲から隔絶されているがゆえに、安全性も確保できると考えたのかもしれない。

とにかく、日々刻々と原発で生産されている放射性廃棄物は、いずれ地下に埋めなくてはならないのだ。岩盤強固でテロなどからも〝護りやすい〟場所、そう考えたとき、日本の最西の防衛線であり、自衛隊もすぐそばに常駐している対馬は、候補地として高い可能性を帯びるのだ。

政府の手順としては、こうした視察などを繰り返し、「概要調査地区」をまず選定する。そしてそれを踏まえたうえで、「精密調査地区」を決定することとしている。この精密調査地区に選定されれば、実際の建設に向け現実味が増すことになるが、この精密調査地区の選定を、政府は「平成二〇年代中頃まで」に終えたいとしている。この場合は、二〇一三年ごろがメドとなる。

こうした手順を踏んで、最終処分地の建設に着手するのだが、あくまでも建て前として崩せないのが、「各段階の選定にあたっては、知事及び市町村長の意見を聞き、反対の場合は進めないこと」（原子力白書）という姿勢だ。

「でも、それは無理でしょ。原発絡みで反対の出ないことは不可能だから。だから、国有地とか政府と近い企業の所有地とか、まあ、そういう場所を狙う以外にないいんじゃないか

な」（経産省官僚）

選定主体であるNUMOは現在、全国の市町村に呼びかけ、「高レベル放射性廃棄物の最終処分施設の設置可能性を調査する区域」への公募に応じるよう求めている。ここでも調査対象となるだけで補助金が出るという、〝飴〟をちらつかせてはいるものの、本格調査に着手された区域はひとつもない。

チェルノブイリ事故に匹敵するとされる福島第一原発の事故で、選定作業が「ますます厳しくなる」のは当然のことかもしれない。

だが、これは日本に限った問題ではない。広大な原野をなおも残す、原子力先進国である米国ですら、キャスクの最終処分では大きな難問に直面している。やはり最終処分予定地での住民理解が進まず、膠着状態にあるのだ。

三〇年から五〇年という地上冷却の時間が長いために、こうした膠着状態が長引いても、まだ最終処分の〝危機的状況〟には至っていないようにみえるが、米国とはその国土の狭隘《きょうあい》さにおいて比較にならない日本では、仮に候補地が具体化したとしても、その先の抵抗の激しさは容易に予想できる。

出口をみつけられないまま、原発開発に突き進みはじめてから六〇年が経ち、なお解決の糸口がみえないのだ。

対馬でももっとも古い集落のひとつ、樫根《かしね》の集落を山襞に沿って入っていった先に、やはり日本でももっとも古い坑道の跡がいくつも残っている。長く誰も踏み入ることのなかったその足元には、深くぬめった沼地のような泥が広がり、先に延ばそうとする脚を吸い込み、その最奥へとゆくのを阻む。

その泥のなかに、足場となる硬い何かがあるのに気づく。時おり、その硬く太いパイプ大のホースがドクッドクッと脈打ったかと思うと、そのなかを何かが流れていく気配がある。まるで生きている生命の体内で動脈に触れたかのような錯覚を覚える。

ほどなくすると一面、分厚いコンクリートに覆われた壁に突き当たる。日本でももっとも古い鉱山の坑道はコンクリート壁によって完全に密封されているのだ。あたかも石棺のように。そのちょうど真ん中あたりには、まるで点滴の管を突き刺したように、コンクリートにパイプが数本、突き刺さっている。

この鉱山の島では地下、坑道の深くに溜まった水が、上へと上がってくる。かつての鉱脈と坑道を通った水が川や集落へと漏出しないように、パイプですべて汲み上げているのだ。

金属鉱山があった場所は、閉山後も地下の坑道に溜まった地下水が、カドミウムやヒ素、すず、亜鉛といった有害物質で汚染され、それが地上にあふれてくると、農業、漁業に大変な被害をもたらすのだ。富山・神通川流域のイタイイタイ病と同様の病変がかつて、対馬の古い集落を襲ったこともあった。

対馬での採鉱はすでに終わり、それから何十年という時間が流れている。だが、そこを管理する東邦亜鉛はこれから先も未来永劫、そこに掘った穴がある限り、そこに溜まる水を汲み上げ、そして浄水管理していかなければならないのだ。そうしなければ、人間がその場所にとどまることさえできない。

人間にとって致命的なことは原発と変わらない。

この〝死の穴〟は、人の手をもって監視されつづけなければならないのである。かつて鉱山開発を考えた当初、そうした後始末と半永久的な管理の問題は、当の企業や政府でさえやはり想定してはいなかったはずだ。

産業がつねに「想定外」の芽をその当初から含んだうえでなお展開していかざるをえないものだとすれば、キャスクの地下埋設という作業が今後、〝順調〟に進行したとしても、その本当の先は誰にもわからない。

ミスター・エネルギーの時代

そもそも、原子力発電をめぐる壮大な構想は、どれほど入念な検討を経てスタートしたのだろうか。

《原子力の一国独占はもはや不可能と考えたアイゼンハワー米大統領は、国連総会において原子力の国際管理下における平和利用を提唱し、その後、濃縮ウランを他国に提供する政策を打ち出したのである。この国際政治の変化を見極めた改進党の中曾根康弘は、翌年三月に突如原子炉のための三億円の補正予算を提案し、それが成立したのである。ここから日本での本格的な原子力の研究と平和利用とがスタートする。

昭和三十年五月には、衆議院商工委員会で「原子力の平和利用を推進し、科学技術の飛躍的発展を期するため、原子力総括機構を含む科学技術行政全般の総合調整と刷新の目的をもって、この際総理府に科学技術庁を設置することを要望する」という決議がなされている。原子力平和利用と結び付けて、新しい科学技術行政機関の必要が表明される事態となったのである。》

（大淀昇一『技術官僚の政治参画』）

それから一年後の一九五六年、総理府に原子力局が設置され、同時に科学技術庁が発足する。中曽根康弘が自身もその設立に先鞭をつけた科学技術庁長官に就任したのはそれから三年後、一九五九年のことだった。

「そこから原子力族というか、エネルギー族の牙城とも言われた、中曽根派が力を持っていったんだ。自民党の派閥の領袖は、予算を獲ってこれる役所をいくつ抱えているかが決定的に重要な時代があったんだな。そこからいくら、自分と派閥議員の地元に補助金を引っ張ってこれるか、カネを落とさせることができるかが、そのまま永田町での派閥の力関係に直結した時代だから。通産省も施策と法律を通すために、そんな力学に乗っかったわけだよ。そういう時代だったということだよ」（経産省OB）

この中曽根とともに、今日の通産省によるエネルギー行政の〝中興の祖〟と言われる人物がいる。

「もう若い連中のなかには、そんなふうに呼ばれていたことを知るのもあんまりいないんじゃないですかね。僕らが役所にいたころは、誰でも知っていましたけれどもね。ミスター・エネルギーって言ってね。

田中角栄さんや中曽根さんとか、永田町とずいぶんと仲が良くて、エネ庁をつくって退官したんですからね。僕なんかもかわいがってもらったほうだったけれども、エネ庁ができたあとに、通産省はNEDO（新エネルギー・産業技術総合開発機構）をつくったでしょう。

そのときで、たしか一千数百億円を超える予算要求を通したんだけれども、これは要求規模としては当時では大きくてね。単独の事業規模としてもね。僕なんかはまだそのころ、総括（筆者注・総括班長――課長補佐の一歩手前）で、ずいぶんと予算獲得では下働きさせられたからわかるんだけれどもね、うーん、どうかな、という数字だった。

でも、通ったんですよ、これが。このときも、ずいぶんと陰でこの人が動いたと言われていましたよ。どこまで本当かはわからないけれどもね。でも、さすがミスター・エネルギーだな、なんてよく言いましたよ。自民党を動かす力を持っていたんですよ。NEDOができるときは電源開発の総裁をやっていたしね。まだまだ現役だったんでしょう」（経産省OB）

「ミスター・エネルギー」と呼ばれたのは、資源エネルギー庁が設立された一九七三年に、それを見届けたかのように通産省を退官した元事務次官の両角良彦である。

両角はそのニックネームにふさわしく、退官後は、日本の電力開発を推進する国策会社の電源開発に天下った。さらに、日本銀行政策委員会委員や総合エネルギー調査会会長、電源開発調整審議会委員といったふうに、長きにわたって日本のエネルギー政策の中心にいつづけた。

中曽根が永田町のエネルギー「政策」のドンだとすれば、一方の両角は退官後も長く、エネルギー「行政」のドンであったのだ。

この両角がすさまじい動きをみせたことがあった。福田赳夫が総理のときの行革である。

《通産省の権勢は時の内閣にとってもきわめて煙たい存在となる。いい例が、福田赳夫が総理大臣の時、大胆な行政改革を進めようとした。構想はいくつかあったが、最大のものは、資源エネルギー庁を廃止し、科学技術庁（原子力局、原子力安全局）と統合させ〝エネルギー省〟をつくろうというものだった。

〝反角〟に執念を燃やす福田首相にとって、田中―両角ラインで誕生した資源エネルギー庁の存在は、面白くなかったのかもしれない。

アメリカではカーター政権のもとで「エネルギー省」が誕生していたこと、時の通産大臣田中竜夫が福田派だったことも首相を勇気づけ、西村栄一行政管理庁長官に早急に進めるよう指示した。

ところが、通産省は和田敏信次官が先頭に、一丸となって猛反対運動を展開、経団連、日商、電力界、銀行界を根回しし、首相と刺し違えるくらいの決意であったという。「長官以下、幹部全員が辞表を胸にした」といった話もまことしやかに伝えられた。

こうして福田首相の「エネルギー省」構想は、消滅したのである。》

（大薗友和『発進！　テクノポリス構想』）

幹部全員が辞表を胸に、という話の真偽を問われると、当時を知る経産省OBは、「うーん、本当にそこまでやったかどうかは……」と笑いを浮かべたが、しかし、一九七七年から七八年にかけての福田内閣のこの動きが、いっそう通産省の危機感を煽ったのはたしかだった。

通産省はその意地をみせんとばかりに、NEDO設立という猛烈な巻き返しを図ったのだった。NEDOが設立されるのは一九八〇年である。

通産省も、当時激しさを増していた田中角栄と福田赳夫との、いわゆる〝角福戦争〟の余波にあやうく呑み込まれそうになったのだ。

「福田さんがエネルギー省を考えてるなんて話が出たときも、両角さんの活躍がいろいろと囁かれましたね。あの人がいたから、ずいぶんと踏ん張れたなんてことでしたよ。

両角さんの力は大きかったですよ。電源開発はあのころ、水力と火力の発電所をやっていたんですが、水力はダムでしょ。ダムはそれはすさまじい、長い期間にわたっておカネが動く公共事業の王様みたいなものですからね、それで、いろいろなところに顔が利くんですよね。だから、自民党も無視できないんですよ。足元の、地元の経済が絡んでくるんでね。

まあ、とにかくそういう動きができる人が、エネルギー行政を後ろから支えていたということでね……通産省としてはとにかく両角さんは恩のある人だから、あんまり悪く書かれると困っちゃうんだけど……。まあ原発で言えばね、電源開発だって原発をやっていたんですよ」（経産省OB）

ミスター・エネルギーが電源開発の総裁を務めたのは一九七五年から八三年までだ。両角が総裁に就いたその翌年一九七六年に、電源開発による青森県大間での原発新設計画が持ち上がり、八二年に原子力委員会は実証炉を使った計画を決定する。

この大間原子力発電所は、その後、計画の紆余曲折を経て、二〇〇八年に経産省によって正式決定され、現在、なお建設が続いている。

反対運動があったとしても、なぜそれほどまでに時間がかかったのかと問われると、この経産省OBはこう示唆に富んだ答えをした。

「これも、よくよく考えればね、こういうときの、施策の早さというのはとにかく政治力なんですよね。田中角栄さんの力があったときには、両角さんはまさにミスター・エネルギーだったわけだけれども、一九七六年に、ロッキード事件が起こって、それからはその影響がちょっとずつ出はじめて、そして八四年には竹下登さんが創政会をつくって田中派を崩しちゃったわけでしょう。そうすると、田中さんを頼みとしていた施策はあっというまに力を失っていっちゃうんですよ」

原発もまた、政治という時の風と無縁ではありえなかったのだろう。

中曽根康弘が総理の座に就いたのは一九八二年の秋だったが、このときは閣僚の多くが田中派であったため、中曽根内閣は「田中曽根政権」とも揶揄《やゆ》された。中曽根政権は、田中のなおも強大な権力のもとで政策展開していると表の目には映っていたが、しかし、役所側の権力移行にたいする嗅覚は鋭かった。

「次の総理が誰かなんていう話をしているようでは遅いんですよ。それは、あの時代だと、たった二年先、三年先の話でしょう。永田町がどこに向かっていくのかという流れを、つまり、自民党では一〇年先、二〇年先に誰が総理になっているかをみて、施策をその流れの上に乗せていかないと役所というのは成り立たないんですよ。

それは、流れをどうつくるかという話でもありますよ。先手を打つのか、軌道修正して、施策の看板そのものを付け替えるのかどうかといった話になる。官僚が政治家を操っているとか、新聞屋はそんなふうにばかり書くけれども、でも、政治家というのは目先の闘争に忙しいわけだから、長い時間をにらんだ政策を考えている余裕はあまりないんですよ。その点、役所というのは、長期的な流れを見越して施策を練らないといけないわけだから。そうじゃないと、経産省に限らずね、役所というものは成り立たないんですよ」（経産省OB）

通産対大蔵、最後の闘い

〝一〇年先二〇年先〟を見据えていた一九八〇年代の通産官僚にとって、エネルギー行政は、資源エネルギー庁とＮＥＤＯという、二つの軸でまわっていくものとしてすでに確立されたものだった。つまり、それはすでに〝終わった施策〟でもあった。

そして、この時期の通産省は、悲願ともいうべき闘いにのめり込んでいく。

日米通商摩擦の時代に、「ＧＡＴＴ（関税および貿易に関する一般協定）の会議やＵＳＴＲ（米通商代表部）とのやりとりを経てね、国際経済と日本経済をどう相乗させていくかという流れでしたからね。通産省はやっぱり、経済政策そのものを主導しなければいけないということを改めて確信したわけですよ。通産省はそのための蓄積をずっとしていたから。海外経済協力基金や経済企画庁を通じてね。出向させている者からずっと情報をとっているわけだから」（通産省ＯＢ）

海外経済協力基金は一九六一年に設立され、主に途上国向けの融資を行なっていたが、ここに通産省は若手官僚を送り込んで、〝次の一手〟の布石を打っていた。さらに、大蔵省と〝共管〟してきた経済企画庁で、その施策スキルを磨かせていたのだ。

通産省が次を見据えはじめたその一九八〇年に事務次官だった矢野俊比古は、後に、こう回顧したことがあった。

《少なくとも私の記憶では、一九五五年ごろに、私が事務官時代、通商局のなかで、通産省の海外経験者を二〇〇人もちたい、そうすれば経済外交は通産省が主体性をもてるだろう、と。当時この論議に参加したグループのなかで、その後、山下英明さんが次官になりました。いま、外務省やジェトロ、その他の部門を通じて、ほぼ二〇〇人くらいが海外にいます。経験者を数えれば六〇〇人か七〇〇人いるでしょう。当時は、海外駐在のポストも少なかった。海外派遣者が逆に民族主義者になって帰って来た例もある。しかし、海外の空気を自分の身につけてきた人たちがふえるにしたがって、逐次、世界のなかの日本である、日本自身の利益だけを議論しているのではもう済まないという考え方が支配的になった。そういうことから、経済の国際化を是認していく、それを受け入れる、あるいはもっと積極的にそれをすすめるというふうに、通産省の考え方が転換してきました。

もちろん、日本の産業が、雇用という面からみても、維持されていかなければならない。つぶれては困る。しかし企業自身も、世界の経済のなかに生きていくという意識が、これもまた海外活動の場を通じて出てきています。この点は、石油危機以前、資本自由化がすすめられるころから大きな意識転換がなされてきた。》

（チャーマーズ・ジョンソン『通産省と日本の奇跡』）

この述懐は次官退任直後のものだが、商工省入省を経て通産省への衣替えを経験した矢野の目にはすでに、その〝次〟が映っていたようにもみえる。

だが、それは戦前の商工省時代からの〝悲願〟ともいえたのだ。長い時間と時代を経て、つねに〝次〟を睨む通産省としては、その機をうかがっていたにすぎなかった。

《通産省は大蔵省とともに経済企画庁を〝分割統治〟していた。いや、かつては事実上〝占領〟していたといってもよい。

前身である戦前、戦中の企画院には、旧商工省から多くの高級官僚が出向し、戦後の経済安定本部（一九四六―五二年）、経済審議庁（五二―五五年）時代には副長官、次長を送り込んだ。五五年に現在の経済企画庁に改組されてからも、事務次官はじめ主要局長、課長級ポストを確保していたのだ。大蔵省は官房長と主要局長、課長級ポストを握っていたものの、経済企画庁は事実上、通産省のコントロール下にあった。

（中略）

……権限はないとはいえ、経済企画庁の役割は重要だ。五ヵ年（または七ヵ年）の中期的な政府経済計画、毎年度の政府経済見通しは経済企画庁が中心になってまとめる。一九八七年の緊急経済対策や、九〇年の日米構造協議の際の公共投資一〇ヵ年計画をとりまとめたのも経済企画庁だ。物価政策の総合調整も重要な仕事の一つである。

このため、経済企画庁を人事、政策面で支配できれば、経済政策全般に強い影響力を発揮できるのだ。通産省は一九五〇、六〇年代を通じて、経済企画庁の実権を握り、経済関係の各省庁の権限や意見を調整しながら、経済政策全般に通産省の政策、立場を色濃く刻印してきた。》

（川北隆雄『通産省』）


経済企画庁支配においては大蔵省を完全に敗北に追い込んだかにみえた通産省だったが、しかし九〇年代から二〇〇〇年代にかけて、管理職ポストだけでなくその政策支配という点で大蔵省の猛烈な巻き返しを受ける。

さらに、戦後長らく規制に守られてきた金融業界には、市場開放を求める圧力が強まった。いわゆる金融ビッグバンによって、最終的には大蔵省もまた財政と金融の分離を余儀なくされ、金融監督庁が誕生する。

「施策実施権限と監督権限の二つを持つことで成り立ってきた」（経産省官僚）、霞が関の官僚統制の屋台骨にいよいよ国際的な圧力がかかってくる。

だが大蔵省もまた、決して組織の関与をすべて譲り渡すことはない。

《金融監督庁長官は、民間金融機関等の検査に係る権限の一部を大蔵省財務局長等に委任している。この委任している事務に関しては、金融監督庁長官が大蔵省財務局長等を直接指揮監督しており、検査に係る金融監督庁の指揮命令系統を明確化するため、大蔵省財務局の理財部には金融監督庁長官から委任された検査事務のみを所掌する検査監理官を設けている。》

(『金融監督庁の1年』)

どんな状況展開でも、必ず足掛かりは残しておくのが官僚なのだ。

国際的な規制緩和の流れが、国内にも浸透してきたのである。「この規制緩和の流れのなかで、経済政策と産業政策とを結びつけた一体型の施策方針が魅力を削がれていく」(経産省OB)ことで、通産省の内部では強い〝危機感〟が生まれていた。

「経済」の獲得、「覇権」の完成

一九九六年に総理大臣に就任した橋本龍太郎は財政構造改革と並行して行政改革をその政権の柱に据える。つまり、省庁再編をぶちあげたのだ。

それは明治以来続いてきた一府二二省庁を一府一二省庁に再編するという巨大な組織変革を行なおうというものだった。

一九九六年一一月二九日に行政改革会議を発足させると、そこに民間有識者を委員として送り込み、各省庁に、その委員らの前で〝身削ぎ〟のプレゼンテーションをさせるという作業が開始された。

省庁自身によるスリム化の提案を組み込みながら、流れをつくりあげていくという手法だった。しかし、この行革会議は非公開であったために、役所としての思惑を剥き出しにした露骨な省益闘争の場となった。

委員の誰とどこの次官がぶつかった、委員の誰が次官の誰を怒鳴りつけた、といった下世話な話が漏れ伝わった。

この橋本行革の省庁再編についての評価はさまざまあろうが、しかし、このとき、ほとんどの省庁が組織防衛に必死になっていたのにたいして、ひとり気を吐くという趣で行革会議と対峙する省があったのが記憶に残っている。

次官の村田成二率いる通産省だった。

行革会議でスリム化の〝答案提出〟を求められても、村田は一歩も退かなかった。それどころか、通商産業省という名称を「経済産業省」に変更することを提案したのだ。

当時、行革事務局は、総理府の古い庁舎のなかに置かれていた。

その事務局に、ある省から出向していた若手官僚と日比谷で夕食をともにすることがあると、「いやー通産はあきれるほどすごいですよ。うちなんかは、最後はなんとか局の数だけを整理してしのごうとするのが精いっぱいなのに、通産は経済やるって言いだすんですからね。さすがマイティミッティ（Mighty MITI＝恐るべき通産省）ですよ、ほんと」などと、皮肉とも本音ともとれる感想を漏らすこともあった。

産業政策のさらに川上に経済政策があるとすれば、やはり、施策は川上、それも最源流を押さえなければならないというのが鉄則なのだ。

産業政策と地域振興、そしてエネルギー供給において、「地方」という自治省の牙城を崩しはじめていた通産省が、ついに、そのもう一方の刃を剥き出し、大蔵省に突きつけたのだ。

じつは通産省がエネルギー政策にその所掌範囲を拡大させていく一九七〇年代から八〇年代にかけて、一方ではしきりに通産省の危機が叫ばれていた。

第二次世界大戦後、戦後復興という名目で産業保護を行ない、巨額の輸出黒字を生んだ貿易政策にたいして、米国を中心に国際的な圧力が高まりをみせていた。そして、戦後、商工省から衣替えした「通商産業」省は早くもその役割を終えつつあるという議論が、世論だけでなく永田町をも席巻した時期があるのだ。

その当時の危機感を、のちに代議士となったある通産省ＯＢはこう語ったことがあった。

「役所というのは決して、レトロアクティブ（後ろ向き）にはいかない組織でね。もうできあがっているものを撤廃したり縮小したりといったことはできないんだね。なかには通産省解体論なんて過激なことを言いだすのもいてね、ずいぶんと焦ったものだよ。

そのときにね、こういう考え方があったんだよね。仲間内でね。予算を持った大蔵省がいるかぎり、組織のあり方も含めて、結局は全部、握られているじゃないかってね。だからまず、自主的な財源を持って、大蔵省から独立するくらいじゃないといけないと。大蔵省に予算を付けられるということはね、その役所のあり方まで査定されるっていうことだろうと。それでね、自分たちで自由になる特別会計をつくろうとね。これは通産に限らず、ほかでもやるわけだけれども。私もね、それでその特別会計ね、あのころはいろいろとやりましたよ。競輪事業で特別会計つくったりね」

財政再建元年と言われた一九八〇年の翌年、土光敏夫による第二次臨時行政調査会が発足する。この土光臨調の理念は現実には骨抜きにされ、実際に財政再建効果があったかどうかの評価は難しい。

つまるところ、役所の側が危機感を抱けば抱くほど、それは新たな所掌範囲の拡大と、予算規模の拡大という逆のベクトルへと向かう動機付けとなったのだ。それは存在を否定されることにたいする、組織の本能的な反応であるようにもみえた。

二〇〇九年、民主党政権下でついにその肥大化一方だった「特別会計」のあり方が俎上に上がったのは記憶に新しい。

「戦前の商工省が名実ともに積極振興をめざして組織構成と所管分野を拡大していったのにたいして、戦後は、外からの露骨に批判的な視線や強烈な圧力を意識して、それが通産省のなかで、それに抗するための膨張圧として作用したと考えればどうなんでしょうね。わかりやすいんじゃないかな」

経済産業研究所に出向中のある経産官僚は、虎ノ門のうなぎ屋「鐵五郎」で、豪勢にダブルのうな丼をかきこみながら、こんなふうに論じてみせた。

通産省の組織存亡をかけた闘いでおおいに力を発揮したのが、原子力を中心とするエネルギー行政だったとすれば、今日、国産化された原発技術を、〝次〟のステージである輸出産業化しようともくろんだのも理解できる。

「国民という観客はつねに新しさを求めるから。結末がみえたら面白くないだろう。施策はだから、ちょっとだけ先がみえて、でも完全に先行きがみえるものじゃだめなんだ」（経産省官僚）

まさしく、原発産業にあてはまる展開ではあった。

二〇〇一年、通商産業省は経済産業省として新しい門出を迎えた。そして、原子力安全・保安院も同時に発足する。

原子力安全・保安院はこのとき科学技術庁の原子力安全局をも〝内包〟するかたちで発足した。経産省は外庁の資源エネルギー庁を抱え、さらにその内部に、内閣府に所掌分割されていた原子力安全局を取り込むことに成功したのだ。

エネルギー行政全般を、ついにその源流から押さえることに、行革という逆風のなか、みごとに成功していたのだ。

漂流する日本のエネルギー政策

ついに「経済」の旗を掲げるのに成功した経産省が、その後一〇年を経て、どこまで経済政策全般にコミットできているのかについては、まだ評価することができない。

しかしその後、二〇〇九年に「脱官僚」「脱霞が関」「政治主導」を掲げた民主党政権が誕生したことで、経産省だけでなく、長らく永田町と並走してきた霞が関はその全体が〝漂流〟しはじめることになる。

政権交代によって、それまで火曜と金曜の閣議の前日、月曜と木曜に行なわれていた次官会議は廃止された。

皮肉にもそれが復活することになったのは、東日本大震災にともなう政府の指揮系統の混乱をメディアに糾弾されるようになった直後、二〇一一年四月のことだった。

省庁再編を奇貨として通産省の所掌拡大に成功した村田は、石油公団以降、通産省のエネルギー政策で最大の落とし子となったNEDO（新エネルギー・産業技術総合開発機構）理事長の椅子から、いま、その状況を眺めている。

つねに通産省、経産省の省益と二人づれだった日本のエネルギー政策は、福島第一原発の悲劇を待って、ようやく〝完成〟したのかもしれない。

*

二〇一一年の原発事故を機にテレビ画面に頻繁に映し出されるようになった原子力安全・保安院の審議官の会見をみるたびに、ある光景を思い出していた。

あのときも、先のみえない悲壮感が漂っていた……。

二〇〇〇年二月二八日朝九時、東京会館で緊急の記者会見が行なわれた。

そのとき、カーテンを閉めきった東京会館の一室の中央に設けられた会見席のさらに中央に座っていたのは、元通産事務次官だった小長啓一だった。日本のエネルギー自給をめざす旗艦企業でもあったアラビア石油は当時、日本全体の原油輸入量のおよそ四パーセントを担っていた。

その半分近くを生産する中東の油田で、採掘権が失効したのだ。通産省が掲げ続けてきた、自主開発油田による石油輸入量比率三〇パーセントという目標は、さらに遠くなったのだった。

田中角栄の列島改造論時代から通産省のエネルギー行政を長く牽引してきた小長はしかし、カメラのフラッシュを浴びていっそう青白さを増した悲壮感漂う顔から、強気ともとれる言葉を、気力だけで吐いてみせた。

「クウェートにたいする採掘権は、まだ残っている……」と。

かつて田中角栄の知遇を得て、永田町の政治力を後ろ盾に華やかな役人人生を送ってきた小長からは、ここに至っても敗戦の弁は聞かれなかった。ただ、銀髪に覆われた青白い頭だけがそこには浮かんでいた。そのフラッシュの照り返しを受けた顔は、まるでテフロン加工でもされているかのように、すべすべとしてみえた。

一九七〇年から八〇年代にかけて日本の通商政策、エネルギー行政の先頭に立っていた人間とはいえ、そこには頼もしさよりも、どこか捉えどころのない脆弱さが漂っているようにさえみえた。

アラビア石油もまた、オイルショックによって石油代替エネルギーとしての原子力が注目され、ウランの市場価格が高騰すると、一九七〇年代後半にプロジェクト会社を設立して、アフリカ・ニジェールで、ウランの探鉱開発を開始した。

しかし、一九八〇年代に入り、アラビア石油も他のエネルギー企業も、相次いでウラン探鉱から撤退していく。それもこれも、ウランの世界市況が低迷しはじめたからであった。日本政府の意を受けた旗艦企業ですら、「エネルギーの安定確保」「資源の安全保障」という大上段に構えたスローガンの背後には、儲からなくなれば撤退するという、凡庸な心理だけがあった。

あの記者会見のあと、こんなことをしみじみと思いながら、東京会館の会見室を後にしたのを覚えている。

日本のエネルギー政策は、いまなお漂流しているのだ、と。

（敬称略）

主要参考文献（刊行年順）

『日本工業統制論』有沢広巳著（有斐閣、１９３７年）
『行政機構改革論』吉富重夫著（日本評論社、１９４１年）
『回顧七十年』深井英五著（岩波書店、１９４１年）
『産業合理化論』塚田一三著（日本出版社、１９４２年）
『通商産業行政機構沿革小史』通商産業省編（通商産業大臣官房調査統計部調査課、１９５１年）
『戦後経済十年史』有沢広巳監修（商工会館出版部、１９５４年）
『通産官僚――政策とその実態』秋美二郎著（三一書房、１９５６年）
『第１回・原子力白書』原子力委員会編（通商産業研究社、１９５７年）
『日本経済と経済政策――灰燼から原子炉へ』小島慶三他著（通商産業研究社、１９５７年）
『都労連十年史〈上・下〉』都労連十年史編集委員会編（東京都労働組合連合会、１９５７年）
『商工省三十五年小史』通商産業省編（通商産業省、１９６０年）
『昭和財政史13――国際金融・貿易』大蔵省昭和財政史編集室編（東洋経済新報社、１９６３年）
『日本開発銀行10年史』10年史編纂委員会（日本開発銀行、１９６３年）
『通産省の椅子』通産省記者クラブ編（近代新書出版社、１９６３年）
『日本の産業構造〈全5巻〉』産業構造調査会編（通商産業研究社、１９６４年）
『通商産業省四十年史』通商産業省編（通産資料調査会、１９６５年）
『明治以降本邦主要経済統計』日本銀行統計局編（日本銀行統計局、１９６６年）
『野村證券株式会社40年史』野村證券40年史編纂委員会編（野村證券、１９６６年）
『わが国の金融制度』日本銀行調査局編（日本銀行調査局、１９６６年）
『昭和40年版・国民生活白書』経済企画庁編（大蔵省印刷局、１９６６年）
『高級公務員のゆくえ』渋沢輝二郎著（朝日新聞調査研究室内部資料１２０号、１９６６年）
『産業政策の理論』両角良彦著（日本経済新聞社、１９６６年）
『戦後日本の貿易20年史』日本貿易研究会編（通商産業調査会、１９６７年）
『昭和43年度・経済白書――国際化のなかの日本経済』経済企画庁編（大蔵省印刷局、１９６８年）

『資本の自由化と金融』吉野俊彦（岩波新書、１９６９年）
『通商産業省20年史』通商産業省編（通産産業調査会、１９６９年）
『闘いの歩み――日本特殊鋼労働組合20年史』（鉄鋼労連日本特殊鋼労働組合、１９６９年）
『経済官僚――新産業国家のプロデューサー』鈴木幸夫著（日本経済新聞社、１９６９年）
『改訂国民所得統計（昭和40年基準）・昭和26年度～昭和42年度』経済企画庁編（大蔵省印刷局、１９６９年）
『昭和45年度・経済白書――日本経済の新しい次元』経済企画庁編（大蔵省印刷局、１９７０年）
『高級官僚総覧』日本民政研究会編（評論新社、１９７０年）
『企業金融の経済学』田村茂著（有斐閣、１９７０年）
『合化労連二十年史』合成化学産業労働組合連合編（合成化学産業労働組合連合、１９７１年）
『日本の商工政策』小田橋貞寿著（教育出版、１９７１年）
『わが国企業の経営分析――昭和44年度下期』通商産業省企業局（大蔵省印刷局、１９７１年）
『昭和46年度・経済白書――内外均衡達成への道』経済企画庁編（大蔵省印刷局、１９７１年）
『憂情無限』佐橋滋著（産業新潮社、１９７１年）
『昭和47年度・経済白書』経済企画庁編（大蔵省印刷局、１９７２年）
『日本への直言』佐橋滋著（毎日新聞社、１９７２年）
『天下り官僚』猪野健治著（日新報道、１９７２年）
『日本の対外経済政策』産業構造審議会国際経済部会編（ダイヤモンド社、１９７２年）
『公務員人事行政の変遷』人事行政調査会編（人事行政調査会、１９７２年）
『主要産業戦後二十五年史』日本長期信用銀行産業研究会編（産業と経済、１９７２年）
『体系官庁会計事典』井上鼎著（技報堂、１９７３年）
『ＪＥＴＲＯ20年の歩み』日本貿易振興会編（日本貿易振興会、１９７３年）
『回顧録・戦後通産政策史』松林松男編（政策時報社、１９７３年）
『経済政策の舞台裏』朝日新聞経済部編（朝日新聞社、１９７４年）
『資源エネルギー庁』加納隆著（教育社、１９７４年）
『中小企業庁』富岡隆夫著（教育社、１９７４年）

『産業構造の長期ビジョン』通商産業省編（通商産業調査会、１９７４年）
『通商産業行政四半世紀の歩み』通商産業省編（通商産業調査会、１９７５年）
『商工行政史談会速記録〈全２巻〉』商工行政史談会編（産業政策史研究所、１９７５年）
『電力事業界』大澤悦治著（教育社、１９７５年）
『海図のない航海――石油危機と通産省』中曽根康弘著（日本経済新聞社、１９７５年）
『小松労組三十年史』小松労組三十年史編纂委員会（小松製作所労働組合、１９７６年）
『昭和経済史〈上・下〉』有沢広巳監修（日本経済新聞社、１９７６年）
『回顧録・戦後大蔵政策史』松林松男編（政策時報社、１９７６年）
『巨大企業の行動と一般集中』公正取引委員会編（公正取引委員会事務局経済部調査課、１９７６年）
『大蔵大臣回顧録』大蔵省大臣官房調査企画課編（大蔵財務協会、１９７７年）
『日本を演出する新官僚像』榊原英資著（山手書房、１９７７年）
『戦後産業史への証言〈第１・２巻〉』エコノミスト編集部編（毎日新聞社、１９７７年）
『産業政策史研究資料』産業政策史研究所編（産業政策史研究所、１９７７年）
『商工省・通商産業省行政機構及び幹部職員の変遷』産業政策史研究所編（産業政策史研究所、１９７７年）
『燃料局石油行政に関する座談会』産業政策史研究所編（産業政策史研究所、１９７８年）
『日油労組のあゆみ』合化労連日本油脂労働組合編（合化労連日本油脂労働組合、１９７９年）
『「新官僚」の時代――ドキュメント・通産省〈Part 1〉』角間隆著（ＰＨＰ研究所、１９７９年）
『霞ヶ関の憂鬱――ドキュメント・通産省〈Part 2〉』角間隆著（ＰＨＰ研究所、１９７９年）
『公定歩合政策の生成と発展』田中金司他著（清明会新書、１９８１年）
"Miti and the Japanese Miracle: The Growth of Industrial Policy, 1925-1975" Chalmers A. Johnson. Stanford University Press, 1982.
『通産省と日本の奇跡』チャーマーズ・ジョンソン著、矢野俊比古監訳（ティビーエス・ブリタニカ、１９８２年）
『行政改革資料集』鎌倉孝夫著（ありえす書房、１９８２年）
『発進！　テクノポリス構想』大薗友和著（エヌシービー出版、１９８３年）
『テクノポリスへの挑戦』平松守彦著（日本経済新聞社、１９８３年）

『日本の原子力』竹内均著（週刊現代ＢＡＣＫＳ、１９８３年）
『政策と行政』河中二講著（良書普及会、１９８３年）
『政策決定と社会理論』河中二講著（良書普及会、１９８４年）
『現代アメリカ国際収支の研究』松村文武著（東洋経済新報社、１９８５年）
『世紀末の選択――ポスト臨調の流れを追う』宇沢弘文・篠原一編（総合労働研究所、１９８６年）
『現代日本の政治手続き』日本政治学会編（岩波書店、１９８６年）
"The Making of the Atomic Bomb" Richard Rhodes. A Touchstone Book. 1986.
『我が国の政府開発援助〈上〉』外務省経済協力局編（財団法人国際協力推進協会、１９８７年）
『政治過程と議会の機能』日本政治学会編（岩波書店、１９８８年）
『全農林四十年史』全農林四十年史編纂委員会編（全農林労働組合、１９８８年）
『日本の政治――近代政党史』国政問題調査会編（国政問題調査会、１９８８年）
『昭和前期財政史』坂入長太郎著（酒井書店、１９８８年）
『我が国の政府開発援助〈上・下〉』外務省経済協力局編（財団法人国際協力推進協会、１９８９年）
『テクノヘゲモニー』薬師寺泰蔵著（中公新書、１９８９年）
『石油化学工業30年のあゆみ』石油化学工業協会総務委員会編（石油化学工業協会、１９８９年）
『通産省の終焉』並木信義著（ダイヤモンド社、１９８９年）
"American Renaissance" Marvin Cetron/Owen Davies. St.Martin's Press. 1989.
『米国通商代表部（ＵＳＴＲ）』宮里政玄著（ジャパンタイムズ、１９８９年）
『日本経済史７・「計画化」と「民主化」』中村隆英著（岩波書店、１９８９年）
『日本の対外金融と金融政策』伊藤正直著（名古屋大学出版会、１９８９年）
『国際安全保障の構想』鴨武彦著（岩波書店、１９９０年）
『国際協力事業団年報〈１９９０〉』国際協力事業団編（財団法人国際協力サービス・センター、１９９０年）
『大蔵省証券局』栗林良光著（講談社文庫、１９９１年）
『平成３年版・防衛白書』防衛庁編（大蔵省印刷局、１９９１年）
『消費資本主義論』芹沢俊介編（新曜社、１９９１年）

『日本の政治――行政改革への提言〈全3巻〉』記録ジャーナル社編（国政問題調査会、１９９１年）
『通産省』川北隆雄著（講談社現代新書、１９９１年）
『平成4年度・経済白書』経済企画庁編（大蔵省印刷局、１９９２年）
"Japan's Response to the Gorbachev Era, 1985-1991" Gilbert Rozman, Princeton University Press, 1992.
『アメリカ冷戦政策と国連　１９４５―１９５０』西崎文子著（東京大学出版会、１９９２年）
『補助金と政権党』広瀬道貞著（朝日文庫、１９９３年）
『日本／権力構造の謎〈上・下〉』カレル・ヴァン・ウォルフレン著、篠原勝訳（早川書房、１９９４年）
『新版・官庁全系列地図』藤岡明房監修（二期出版、１９９４年）
『通産官僚の軌跡・わが生涯』大久保悠齊著（通産新報社出版局、１９９４年）
『法政策学〈第2版〉』平井宜雄著（有斐閣、１９９５年）
『地球環境条約集〈第2版〉』地球環境法研究会（中央法規出版、１９９５年）
『小島慶三著作集4・貨幣為替制度及び政策の研究』小島慶三著（近代化研究所、１９９６年）
『核兵器と国際政治　１９４５―１９９５』梅本哲也著（日本国際問題研究所、１９９６年）
『技術官僚の政治参画』大淀昇一著（中公新書、１９９７年）
『平成9年度・経済白書』経済企画庁編（大蔵省印刷局、１９９７年）
『新道路整備五箇年計画と近畿圏の道路整備の方向』吉田光市・東川直正著（関西経済研究センター、１９９８年）
『愛知県のプロジェクトについて――中部国際空港・愛知万博・首都機能移転を中心に』柳田昇二著（関西経済研究センター、１９９８年）
『財政構造改革と景気対策』本間正明著（関西経済研究センター、１９９８年）
『アジア経済１９９８――東アジアの奇跡は終わったのか』渡部良一著（関西経済研究センター、１９９８年）
『世界のなかの日本型システム』濱口恵俊編（新曜社、１９９８年）
『小島慶三著作集6・戦後経済危機と再編成』小島慶三著（近代化研究所、１９９８年）
"The Stakeholder Society" Bruce Ackerman/Anne Alstott, Yale University Press, 1999.
『アメリカ外交と核軍備競争の起源　１９４２―１９４６』西岡達裕著（彩流社、１９９９年）
『金融監督庁の1年』金融監督庁編（大蔵省印刷局、１９９９年）

『1999年版・ジェトロ貿易白書』日本貿易振興会編（日本貿易振興会、1999年）
"Maestro: Greenspan's Fed and the American Boom" Bob Woodward, A Touchstone Book, 2000.
『アメリカ石油工業の成立』小谷節男著（関西大学出版部、2000年）
『日米・技術覇権の攻防』森谷正規著（PHP研究所、2000年）
『日本の近代　猪瀬直樹著作集1・構造改革とはなにか』猪瀬直樹著（小学館、2001年）
『公共哲学6・経済からみた公私問題』佐々木毅他編（東京大学出版会、2002年）
『現代日本政治の基層』猪口孝著（NTT出版、2002年）
『明日の小売業――食品スーパー経営と電気料金自由化』林信太郎・柴田章平著（国際商業出版、2003年）
『昭和恐慌の研究』岩田規久男編（東洋経済新報社、2004年）
『歴代首相の経済政策全データ』草野厚著（角川ONEテーマ21、2005年）
『脱原子力の運動と政治』本田宏著（北海道大学図書刊行会、2005年）
『日本原子力研究所史』日本原子力研究所編（日本原子力研究所、2005年）
『国債の歴史』富田俊基著（東洋経済新報社、2006年）
『電力自由化という壮大な詐欺』シャロン・ビーダー著、高橋健次訳（草思社、2006年）
『最悪の事故が起こるまで人は何をしていたのか』ジェームズ・R・チャイルズ著、高橋健次訳（草思社、2006年）
『経済政策形成の研究』野口旭編（ナカニシヤ出版、2007年）
『分権化時代の地方財政』貝塚啓明・財務省財務総合政策研究所編（中央経済社、2008年）
『平成20年版・原子力白書』原子力委員会編（社団法人時事画報社、2009年）
『平成21年版・原子力安全白書』原子力安全委員会編（佐伯印刷、2010年）
『「終戦」の政治史　1943―1945』鈴木多聞著（東京大学出版会、2011年）

・論文や記事など（発表年順）
『通産ジャーナル』（通商産業調査会、1967〜2000年）
「経済官僚の行動様式」伊藤大一著（『現代日本の政党と官僚』岩波書店、1967年）
「政策決定過程の概観」三沢潤生著（『現代日本の政党と官僚』岩波書店、1967年）
「経済官僚の機能と今後の方向」御園生等著（『経済評論』1968年2月号）
「政策介入の変質と通産官僚」前田靖幸著（『経済評論』1968年2月号）
「佐橋滋――天下らぬ高級官僚」草柳大蔵著（『文藝春秋』1969年5月号）
「官僚諸君に直言する」佐橋滋著（『文藝春秋』1971年7月号）
「国際システムの構造変動と政策決定過程〈上〉」関寛治著（『国際問題』1972年4月号）
「官僚政治モデル――その特質と評価」新藤栄一著（『国際政治』50号、日本国際政治学会、1974年）
「日本における政策決定の政治過程」河中二講著（『現代行政と官僚制〈下〉』東京大学出版会、1974年）
「新官僚像」両角良彦著（『人事院月報』1974年6月）
「通産省・試されるスター官庁」草柳大蔵著（『文藝春秋』1974年8月号）
「対外政策決定過程の類型学的考察」野林健著（『同志社アメリカ研究』11号、1975年）
「目標を見失った通産官僚――さまよう高度成長の旗手」戸田栄輔著（『エコノミスト』1977年5月31日号）
「聖域の掟――官僚道の研究」金山文二著（『中央公論』1978年7月号）
「通産官僚の生態、徹底研究」財界展望編集部（『財界展望』1978年8月号）
「審議会――官僚への奉仕の軌跡」柿崎紀男著（『エコノミスト』1979年7月31日号）
「発展途上国に対する技術支援による地球環境問題解決のための国の取り組み」重倉光彦著（『化学工学』1993年1月）
「米国の産業技術開発政策の動向」（『JETRO技術情報』〈412号〉2000年7月）
『経済産業ジャーナル』（経済産業調査会、2001年〜）
「NEDOワシントン事務所情報」（『JETRO技術情報』〈418号〉2001年1月）
「新規国債の日銀引受発行制度をめぐる日本銀行・大蔵省の政策思想」井手英策著（『金融研究』2001年9月）
「冷戦戦略としての『平和のための原子力』」李炫雄著（『筑波法政』2009年第46号）
「迷走する巨大企業の正体　東京電力」（『週刊東洋経済』2011年4月23日号）

・主な参照ウェブサイト
三菱重工ホームページ「原子力のページ」
JAEA「世界のウラン濃縮事情」日本原子力研究開発機構戦略調査室・小林孝男
「19兆円の請求書——止まらない核燃料サイクル」
＊このほか多数のウェブサイトを参照しました。

著者略歴――――
七尾和晃 ななお・かずあき
ルポライター。石川県金沢市出身。英字新聞などの記者を経て著述業に。記者時代には産業政策担当として経済産業省をはじめ、国土交通省、厚生労働省、総務省、外務省、環境省、内閣府などを取材する。とくに土光臨調や橋本行革での省庁再編にともなう、政策決定過程における官僚の心理的動態の変化に着目。「訊くのではなく聞こえる瞬間を待つ」を信条に、海外と日本を往来しながら息の長い学際的なフィールドワークを続けている。著書に『沖縄戦と民間人収容所』（原書房）、『炭鉱太郎がきた道』『闇市の帝王』（以上、草思社）、『銀座の怪人』（講談社）、『総理の乳母』（創言社）、『堤義明 闇の帝国』（光文社）などがある。

原発官僚
漂流する亡国行政

2011年7月12日　第1刷発行
2011年7月15日　第2刷発行

著　者　七尾和晃
装　幀　Malpu Design（清水良洋）
本文デザイン　Malpu Design（佐野佳子）
発行者　藤田　博
発行所　株式会社 草思社
〒160-0022　東京都新宿区新宿5-3-15
電話　営業 03(4580)7676　編集 03(4580)7680
振替　00170-9-23552
印　刷　株式会社三陽社
DTP　一企画
カバー　日経印刷株式会社
製　本　加藤製本株式会社

ISBN978-4-7942-1838-4 Printed in Japan　検印省略
http://www.soshisha.com/

草思社刊

闇市の帝王
王長徳と封印された「戦後」

七尾和晃 著

終戦直後の東京で、一等地を次々と手中に収めていった若き中国人がいた。闇市を手始めに多彩な事業を手掛け、「東京租界の帝王」と呼ばれた男の凄絶な生涯を追う。

定価 1,575円

炭鉱太郎がきた道
地下に眠る近代日本の記憶

七尾和晃 著

彼らはどこからきて、どこへ消えていったのか？　日本の近代に巨大な足跡を刻んだヤマの人びとの濃密な〈生の軌跡〉を丹念な取材で明らかにしたルポルタージュ。

定価 1,785円

霞が関「解体」戦争

猪瀬直樹 著

日本の権力構造のど真ん中に猪瀬直樹が切り込んだ！　地方分権改革推進委員会を舞台に繰り広げられた官僚との激論を大公開！　日本再生のヒントがつまった一冊。

定価 1,680円

中国共産党
支配者たちの秘密の世界

R・マグレガー 著
小谷まさ代 訳

ベールに覆われた最高指導部の知られざる実態を明かし、英『エコノミスト』誌などの〝ブック・オブ・ザ・イヤー２０１０〟に選ばれた最新の中国共産党研究。

定価 2,415円